美丽中国的
县域样本

福建长汀
生态文明建设的
实践与经验

林默彪 主编
郭为桂 副主编

COUNTY EXAMPLE OF
WILD CHINA

Practice and Experience
of Ecocivilization Construction
of Changting in Fujian Province

社会科学文献出版社
SOCIAL SCIENCES ACADEMIC PRESS (CHINA)

序

在习近平总书记治国理政新理念新思想新战略中，生态文明建设占有极为重要的位置。2000年，习近平总书记在担任福建省省长时，就率先提出建设生态省的战略构想，并身体力行地大力推动实施。到中央工作后，总书记告诫我们，"生态资源是福建最宝贵的资源，生态优势是福建最具竞争力的优势，生态文明建设应当是福建最花力气抓的建设"。2011年底至2012年初，在短短的一个月内，总书记连续两次对长汀水土流失治理做出重要批示。2014年来闽考察时，更亲自为福建谋划未来，提出建设"机制活、产业优、百姓富、生态美"新福建的战略要求。2017年5月，又对福建集体林权制度改革做出批示，希望我们在推动绿色发展、建设生态文明上取得更大成绩。总书记的这些重要指示和要求，为福建加强生态文明建设指明了前进方向、提供了根本遵循。

这些年来，福建省委省政府牢记习近平总书记的深情嘱托，认真贯彻落实中央决策部署，一任接着一任干，持之以恒推进生态省建设，坚决守住生态环境质量这个底线，努力走出一条生产发展、生活富裕、生态良好的发展道路，生态文明建设取得了明显成效，水、大气、生态环境三大指标保持全优，森林覆盖率持续保持全国首位，"清新福建"成为一张亮丽名片，生态优势成为福建发展的最大优势。

在福建生态文明建设进程中，长汀县是一个成功的范例。由于自然和社会原因，长汀县长期饱受水土流失之苦，面积之广、程度之重、影响之大，居福建之首。据 1985 年遥感普查，全县水土流失面积达 146.2 万亩，占国土面积近 1/3。1983 年长汀县被列为全省治理水土流失试点县，从此拉开了拯救生态的持久战序幕。

长汀县干部群众在省市县和驻闽部队以及社会各界的大力支持下，发扬"滴水穿石、人一我十"的精神和老区的光荣传统作风，坚持治山与治水相结合、治理与保护相结合、统筹推进与专项整治相结合，推动水土流失治理与全面建成小康社会、打赢脱贫攻坚战和美丽乡村建设深度融合，形成了"党政主导、群众主体、社会参与、多策并举、以人为本、持之以恒"的"长汀经验"。特别是 2011 年底总书记做出重要批示后，长汀县水土流失治理进入了一个全面攻坚的新阶段。经过全县干部群众锲而不舍的努力，到 2015 年底，长汀县水土流失面积减少了 106.6 万亩，昔日的"火焰山"变成了"花果山"，变成了"金山银山"。生态环境的改变，有力地促进了当地经济社会发展，人民群众从中享受到实实在在的生态效益。如今的长汀，已从我国南方水土流失最严重的贫困地区，成为全国水土保持生态文明县、全国生态文明建设示范县和全国现代林业建设示范县，呈现出"生态美、百姓富"的良好发展态势。

福建省委党校的几位教授，在深入长汀县调研考察的基础上，编撰了《美丽中国的县域样本——福建长汀生态文明建设的实践与经验》一书，从理论与实践、历史与现实结合的角度，对长汀县水土流失治理过程进行了回顾与梳理，对"长汀经验"进行了归纳与总结，对长汀生态文明建设提出了思考与建议。相信此书的出版，能让人们更加深刻地理解习近平总书记关于生态文明建设战略思想的重大意义，能为其他地方推进水土流失治理提供某些方面的借鉴经验，并为进一步探索生态文明建设提供有益的思想启迪。

是为序。

尤 权

（作者为中共福建省委书记、福建省人大常委会主任）

2017 年 7 月 4 日

目 录

红与绿的交响曲

在当代中国，绿色发展作为社会发展的一个基本理念已成为全民的价值共识，生态文明作为社会进步的一个新的文明形态已成为社会发展的现实的实践进程。

在发展战略的宏观层面上，党的十八大把生态文明建设纳入中国特色社会主义的"五位一体"的总体布局，把美丽中国作为生态文明建设的目标。党的十八届三中全会提出加快建立系统完整的生态文明制度体系。2015 年 4 月，在《中共中央国务院关于加快推进生态文明建设的意见》中，首次提出"绿色化"这一概念，将绿色化与新型工业化、城镇化、信息化、农业现代化并列，赋予生态文明建设新的内涵，明确了建设美丽中国的实践路径。2015 年 9 月，中共中央、国务院印发了《生态文明体制改革总体方案》，明确提出到 2020 年，构建由八项制度构成的生态文明制度体系，推进生态文明领域国家治理体系和治理能力现代化，努力走向社会主义生态文明新时代。

在指导思想方面，习近平总书记就绿色发展和生态文明建设高屋建瓴地提出了一系列创造性的生态哲学思想和生态实践观念，从人与自然的关系、保护生态与发展生产力的关系、生态环境与民生福祉的关系以及环境正义、生态红线、生态系统观与制度保障等方面形成了具有中国特色的马克思主义生态哲学思想和生态实践观念。党的十八届五中全会将绿色发展作为引领中国社会发展的五大发展理念之一。

所有这一切，意味着在当代中国围绕生态文明建设的价值理念、发展战略、目标任务、改革方案、制度安排、实践路径等一系列顶层设计的基本框架已经形成并日臻完善。与生态文明建设的这种发展战略和顶层设计相对应，生态文明建设在现实实践层面上也正在这片古老的东方文明热土上方兴未艾地展开。

在生态文明发展战略与现实实践的互动过程中，福建省的绿色发展可谓是远见卓识，先行先试，根深叶茂，蔚然成风。早在 2000 年，时任福建省长习近平提出建设"生态省"的战略构想，并担任生态省建设领导小组组长加以实施。2002 年，福建省被列为全国第一批生态省建设试点省份，至 2014 年 3 月，福建省被国务院确定为全国第一个生态文明先行示范区，这意味着习近平同志在福建任职时提出的"生态省"战略构想已经上升为国家战略。而在这个战略部署得以确立的契机中，作为县域生态治理和生态恢复一个成功的典范，长汀县的水土流失治理和生态家园建设是一个具有先行示范意义的重要节点。

长汀县地处福建西部山区，武夷山南麓，是闽、赣两省的边陲要冲。土地面积 3112.42 平方公里，其中山地面积约占 85%，为典型的"八山一水一分田"山区县。"红色"是长汀最富特色、最有意义的色彩。在第二次国内革命战争时期，长汀是中央苏区核心区、红军长征出发地之一，毛泽东、周恩来、朱德、刘少奇在长汀开展革命实践，瞿秋白、何叔衡在长汀英勇就义；1929 年 3 月，毛泽东、朱德率红四军入闽，建立了中央苏区第一个县级政权——长汀县革命委员会；1932 年 3 月，第一个福建省苏维埃政府、中共福建省委、省军区等机构设在长汀，长汀成为福建革命运动的政治、军事中心，被誉为"红军故乡、红色土地和红旗不倒的地方"。第二次国内革命战争时期，有两万多名优秀的长汀儿女参加红军，在册的烈士就有 6700 多名。长汀人民为中国革命事业做出了巨大的贡献。长汀的"红色"不仅在于红色的历史记忆，更在于在这片红土地上所孕育铸就

的精神高地——坚定的革命理想信念和为之前赴后继奋斗牺牲的坚韧不拔
的"红土地精神"。2011年11月4日，习近平同志在纪念中央革命根据
地创建暨中华苏维埃共和国成立80周年座谈会上对苏区的"红土地精神"
内涵及其作用做出深刻的概括："在革命根据地的创建和发展中，在建立
红色政权、探索革命道路的实践中，无数革命先辈用鲜血和生命铸就了以
坚定信念、求真务实、一心为民、清正廉洁、艰苦奋斗、争创一流、无私
奉献等为主要内涵的苏区精神。这一精神既蕴涵了中国共产党人革命精神
的共性，又显示了苏区时期的特色和个性，是中国共产党人政治本色和精
神特质的集中体现，是中华民族精神新的升华，也是我们今天正在建设的
社会主义核心价值体系的重要来源。"

　　长汀的"红色"还有一个意涵，它的区位属于中国南方亚热带红壤丘
陵区，是中国南方"红土地"的组成部分。红壤土质疏松，可蚀性强，含
沙量高，极易被雨水冲刷而导致水土流失，加上人地矛盾，长汀在近代以来
逐步演变为我国南方红壤地区水土流失最严重的区域之一。新中国成立前，
就与陕西长安、甘肃天水并称为中国水土流失最严重的三大地区。光秃的山
岭红壤裸露形成赤红色的"火焰山"成了长汀一道特色的"风景"。

　　如今，这些红壤裸露的荒山野岭已经是绿色葱茏，长汀的"红色"已
经催生出长汀的一片绿意盎然，这一片红色土地，已然成了绿色的海洋，
昔日的"火焰山"如今变成了的"花果山"。截至2015年底，全县水土
流失面积已经由1985年的146.2万亩降为39.6万亩。森林覆盖率达到
79.8%，水土流失区植被覆盖率由10%～30%提高到75%～91%，全县
植被覆盖率达81%，县域内林草保存面积占宜林宜草面积达85%；群落
向多样性、稳定性演替，空气环境质量达国家一级标准，基本上解决了水
土流失之患，圆了长汀老百姓的百年绿色之梦。长汀水土保持和生态建设
的成功实践被国家水利部誉为"不仅是福建生态省建设的一面旗帜，也是
我国南方地区水土流失治理的一个典范"，长汀"红壤丘陵区严重水土流
失综合治理模式及其关键技术研究"成果，被中国科学院院士专家认定为
产、学、研有机结合的典范，荣获第四届中国水土保持学会科学技术一等

奖。近年来，长汀先后被评为全国生态文明建设示范县、全国现代林业建设示范县、全国水土保持生态文明县、全国科技进步县和福建省生态县、优秀旅游县、森林县城、园林县城，被列为全国第六批生态文明建设试点县，全国首批"水生态文明城市"建设试点，汀江源自然保护区通过评审晋升为国家级自然保护区，汀江国家湿地生态园通过评审开展试点建设，全县 18 个乡镇中 15 个乡镇获得国家生态乡镇命名，17 个乡镇获得省级生态乡镇命名，全县 299 个村/居中建成省级生态村 63 个、市级生态村 192个。有 17 个乡镇、63 个村获省级生态乡镇、生态村命名，农村乡镇省级生态乡镇创建率达 100%。

在党的领导下，几代长汀人筚路蓝缕，用数十年的努力，发扬"滴水穿石，人一我十"的精神，给百万亩红壤裸露的荒山披上绿装，创造了水土流失治理的"长汀经验"，并在现有的经济社会发展与生态治理和保护成果的基础上，探索经济发展和生态保护良性循环的办法与经济社会可持续发展的道路，谋划、创建长汀人民的生态家园，提出业兴民富、山清水秀、客风古韵、和谐宜居、幸福安康的生态家园的目标，规划出生态文明示范县建设的"五大体系"和汀江生态经济走廊建设的"六大板块"，实现从生态治理到生态家园建设的转型升级，成为中国水土流失治理的典范，福建生态省建设的一面旗帜。

长汀这一片红土地铸就的红色精神高地，在长汀人民的生态治理与生态家园建设的实践中，孕育造就出一方青山绿水的新天地，也为我们研究当代中国绿色发展的理论与实践、研究中国特色社会主义生态文明建设提供了一个鲜活的地方性的经验范本。

福建省委党校课题组于 2014～2017 年先后四次深入长汀，就长汀水土流失治理与生态家园建设进行调研。我们之所以把调研的目光聚焦于长汀，正在于这种鲜活的地方性经验范本所提供的经验启示和问题思考对生态文明建设和绿色发展可能具有的普遍性价值和意义。

长汀由生态治理走向生态家园建设的实践历程，为我们研究生态文明建设提供了一个比较完整的、正在现实实践中生成的典型的经验范例。长汀在水土治理中积累了丰富的生态环境保护和修复的经验，并在取得成功的基础上，把生态文明建设由生态治理推向了生态家园的构建，在水土流失治理的"长汀经验"的基础上全力打造长汀经验的升级版，实现从水土流失治理到生态家园建设的转型升级。在长汀的绿色发展实践中，既有着生态治理成功的经验，又有着如何把握住绿色发展的战略契机由生态治理迈向生态文明建设新台阶的理念转换和实践构想，同时也面临着涉及观念习俗、体制机制、经济利益、环境公正、保护与发展、技术人才以及具体的林下经济、乡村文明、垃圾处理、河流治理等各种问题与挑战，面临着如何实现"机制活、产业优、百姓富、生态美"的和谐互动发展问题。把长汀作为研究生态文明建设的一个县域样本，为我们进一步深入研究有中国特色的社会主义生态文明建设和绿色发展提供了一个比较典型的、全面的、丰富的、可追踪研究的问题域。

长汀县在生态治理的实践中，探索出"党政主导、群众主体、社会参与、多策并举、以人为本、持之以恒"的水土流失治理的"长汀经验"，这一经验涵盖了生态治理的主体、机制、途径、方法、宗旨、价值和精神。它启迪我们去思考：党的领导，绿色理念的烛引，社会制度的安排，以人为本的价值诉求，"红土地精神"的贯注，这对于有中国特色的社会主义生态文明建设的意义何在？长汀的"红"何以催生出长汀的"绿"？

习近平总书记从在福建工作到调任中央工作后一直关注长汀生态治理和建设。1996～2002年，习近平在担任福建省委副书记、省长期间，先后五次深入长汀调研水土流失治理和扶贫开发工作。2001年，他提出"再干8年，解决长汀水土流失问题"的治理任务。2011年12月10日，他在《人民日报》发表的《从荒山连片到花果飘香，福建长汀——十年治荒，山河披绿》文章上做出"请有关部门深入调研，提出继续支持推进的意见"的重要批示。2011年12月21～25日，中央联合调研组到长汀开展水土流失治理专题调研，并于2012年1月6日向习近平同志提交了《关于支持福建长汀县推进水土流失治理工作的意见和建议》。2012年1月8日，习近平同志就此再次做出"进则全胜，不进则退"的重要批示。在一个月间，习近平同志对福建长汀水土流失治理做出两次重要批示，掀开长汀乃至福建生态文明建设新的一页。从在福建任职提出建设生态省的战略构想，强调"任何形式的开发利用都要在保护生态的前提下进行，使八闽大地更加山清水秀，使经济社会在资源的永续利用中良性发展"，到浙江任职提出"我们既要绿水青山，也要金山银山。宁要绿水青山，不要金山银山，而且绿水青山就是金山银山"的理念，再到中国生态文明建设的整体战略构想和绿色发展实践理念的确立，沿着这条思想轨迹，长汀的生态治理和生态家园建设是对习近平总书记的生态思想和绿色发展理念的一个生动的实践诠释。

我们也试图在对长汀的调研和思考中获得一种对人类文明进步的生态哲学意义上的启迪：马克思当年在《1844年经济学哲学手稿》中提出的人与自然和解的哲学命意——在一个新型的社会关系中去考量人与自然的关系，来回答一种康德式的设问：如果按照资本本性的逻辑演化，生态环境的"公地悲剧"将是人类文明的宿命，那么，中国特色的社会主义生态文明何以可能？

为此，我们把研究长汀生态治理和生态家园建设的根本意旨指向对中国特色的社会主义生态文明的理论、实践和问题的思考，并试图从中获得有意义的具有创见性的认识。

我们研究的总体思路：一是围绕以人的发展为轴心展开的生产、生态、生活的可持续互动发展进程的致思理路；二是以经验总结—问题导向—发展构想—实践依据—理论提升为进路的逻辑运思；三是以纵向的历史经验（水土治理）—现实实践（生态家园建设）和横向的生态文明的六大体系建设，即生态环境体系建设、生态经济（产业）体系建设、生态制度体系建设、生态社会和文化体系建设、生态人居体系建设、生态技术体系建设为研究构架，对长汀生态文明建设进行总体性的研究。

我们的研究方法主要是通过深入的调研访谈和对问题与目标的追踪考察，在收集、整理和分析资料数据基础上采取多学科综合性研究的方法，进行经验分析和理论思考，形成我们的研究成果。

　　在长汀调研期间，我们沿汀江两岸梭行，两岸的青山绿水每每激起我们心弦阵阵律动，汀江母亲河千回百转长流不绝，滋润着这片红色的土地，养育了两岸的长汀儿女，流淌出客家人的勤劳淳朴、坚忍不拔的气质和灵动的智慧。红土地所孕育铸造的红土地精神，催生出这里的一片葱茏绿意，合奏出一出红与绿协和共鸣的交响曲，一出绿水青山与金山银山互动生成的交响曲，一出自然与人和谐共生的交响曲，一出社会主义与生态文明相融相成的交响曲。

第一章

从荒山到绿洲：长汀水土流失
治理的历史与经验

　　长汀，别称"汀州"，隶属于福建省龙岩市。地处武夷山脉南麓的闽赣交界处，与江西瑞金毗邻，是福建的西大门。现辖 18 个乡（镇）、299 个村/居（其中有 9 个社区居委会），总人口 52 万人。据 2003 年勘地调查，长汀县土地总面积 3112.42 平方公里（约为 466.86 万亩），其中山地面积 388 万亩，耕地面积 30.7 万亩，河流水面面积 48.16 万亩，属福建省第五大县。长汀是福建新石器文化发祥地之一，全县有 200 多处新石器遗址。汉代置县，唐开元二十四年（736）建汀州，成为福建五大州之一。自盛唐到清末，长汀均为州、郡、路、府的治所。长汀境内众山环绕，群峰连绵。这里土地肥沃、资源丰富、风景秀丽、气候宜人。千百年来，长汀人民用智慧和汗水，在这块土地上浇灌出丰富多彩的文明之花。悠久的历史，厚重的文化，使长汀于 1994 年被国务院公布为第三批国家历史文化名城。长汀是客家人的发祥地和集散地，客家的先民从中原辗转而来，在长汀与原住民相互融合，形成了独具特色的客家文化。因古代汀州所辖八县均是福建省的纯客家县，故汀州城被称为"八闽客家首府"，汀江也被誉为"客家母亲河"。长汀还是著名的革命老区、中央苏区核心区和红军长征出发地之一。第二次国内革命战争时期，长汀不仅是中央苏区的重要组成部分，而且是中央苏区的经济、文化中心，当年中央苏区的主要经济来源和物资供应以及中央红军的后勤保障基本上由长汀创造和提供，长汀素有"红色小上海"之美誉。

近代以来，长汀这块古老而富饶的土地，却为愈演愈烈的水土流失问题所困扰，成为"我国南方红壤区水土流失最严重的县份之一"，水土流失历史之长、面积之广、程度之重、危害之大，居福建省首位。在此期间，长汀人民和社会各界亦采取种种举措加以治理，但直至进入 21 世纪新的发展阶段，水土流失的趋势才得到根本的扭转，昔日的红壤裸露的荒山，逐渐披上绿装，山清水秀的生态环境重回长汀大地。

一　水土流失的历史及原因

在古代，长汀曾是一个水土丰美的地方。近 300 多年来，特别是近代以来，由于种种自然、历史和人为的原因，长汀水土流失的局面愈演愈烈，最终形成大规模的自然灾害，到了不得不全面治理的境地。

（一）水土流失的历史状况

长汀水土流失已经有很长的历史。据目前有限的历史资料考证，长汀河田一带的水土流失始于 17 世纪中叶明末战乱的大规模森林砍伐破坏。后历经 19 世纪中叶太平天国兵败余部与清军争战，20 世纪 30 年代第二次国内革命战争时期红军与国民党军在中央苏区的战争对森林的毁坏，再加上历史上群众山林权属纠纷和宗族矛盾引致的森林破坏，造成了长汀县从近代以来的严重的水土流失。到 20 世纪 30 年代，长汀河田即已童山濯濯、草木稀疏、千沟百壑、岩石裸露，是当时中国水土流失最严重的地区之一。据当时留下的研究资料，1940 年河田水土流失率（流失面积÷国土面积）为 44.7%，其中强度（即强烈、极强烈、剧烈三个级别）流失面积占水土流失总面积的 58.9%。当时全县测定的水土流失面积约为 424.13 平方公里，占当时整个县域国土面积的 10.78%。可见，当时水土流失已经到了非常严重的地步。

20 世纪 40 年代河田的生态环境

在民国时期，当时的福建省政府研究院在河田设立"土壤保肥试验区"。1942 年，该院在工作总结中写道：

四周山岭尽是一片红色，闪耀着可怕的血光；树木很少看到，偶然也杂生着几株马尾松或木荷，正像红滑的癫秃头上长着几根黑发，萎绝而凌乱；密布的切沟，穿透到每个角落，把整个山面支离割碎；有些地方竟至半崇山峻岭崩缺。只剩得十余丈的危崖，有如鬼斧神工的砍削，峭然耸峙；在那儿，不闻虫声，不见鼠迹，不投栖息飞鸟；只有凄怆的静寂，永伴着被毁灭了的山灵……

数十年后，溪岸沙丘，将无限制地扩展，河田镇恐怕也将随着楼兰而变成了废墟，昔日万株垂柳、遍地翠竹的胜地，只有在黄沙落日之中，供行人凭吊了，这就是土壤侵蚀极其残酷的赐予![1]

图 1-1　20 世纪 40 年代的河田

---

[1]　转引自汤金华《再读项南同志的"三字经"》，《炎黄纵横》2012 年第 1 期。

新中国成立之后直到改革开放前，虽然当地党委政府也采取了一些措施进行治理，在个别时段也取得局部成效，但由于多方面的原因，总体上水土流失的状况并没有扭转，反而进一步恶化。据1985年卫星遥感普查，全县水土流失面积146.2万亩（约为974.67平方公里），占国土面积的31.5%，土壤侵蚀模数达5000～10000吨/平方公里·年，植被覆盖度仅5%～40%。森林植被的破坏、大雨山洪的冲刷，造成水土流失，河流改道，形成大量崩沟，最终导致了生态的严重恶化，长汀由此而成为我国南方红壤区水土流失最严重的县份之一。"长汀哪里苦，河田加策武"，"上畲下畲，没水煎茶"，"头顶大日头，脚踩沙孤头，三餐番薯头"，这些民谣充分表现了水土流失给长汀人民带来的苦难。"山光、水浊、田瘦、人穷"是以河田为中心的水土流失区生态恶化、生活贫困的真实写照。河田原名留镇、柳村，因柳树而得名。严重的水土流失，致使"柳村无柳，河比田高"，故改名为"河田"。又因夏天灼热的土壤，加上土壤的赤红色，远望如同燃烧的火焰，由此有了"火焰山"的称号。河田、三洲、策武、濯田、宣成、新桥等10多个乡镇，成为长汀严重的水土流失区。

（二）水土流失原因分析

长汀县严重的水土流失现象是由多方面因素综合作用并经历史长期累积造成的结果。其内在原因是长汀特殊的土壤气候等所构成的生态脆弱性，外在原因是人口增长与自然资源之间的矛盾，以及由此引发的人们之间争夺自然资源所导致的生态恶化。可用一句话来概述："先天发育不足（自然因素）+后天营养不良（人为因素）=水土严重流失。"同时，战乱和兵灾也是其中一个重要的原因。伴随着高强度的水土流失，造成长汀生态环境严重恶化，以山地农业劳作为主的人民生产生活遭受严重影响。人们越贫穷，就越加大向自然索取的强度，造成人民生产、生活与生态环境之间的恶性循环。

从自然原因来看，引起长汀水土流失的内在因缘是先天易侵蚀的自然基础，是当地气候、土壤和地形综合作用的结果。

地质土壤。长汀水土流失以水力作用下的水侵蚀类型为主。长汀的地质构造属闽西南坳陷带的明溪—武平坳陷。长汀的西、北部的岩层主要是寒武系和震旦系的变质岩，东部为侏罗系砂岩、沙砾岩，中部和西南部为花岗岩。花岗岩之间的丘陵区，由于母岩节理发育，在高温湿润的亚热带气候条件下，化学风化强烈，形成了深厚疏松的风化壳，厚度一般在10~60米，其抗侵蚀性弱，一旦地覆植被遭受到破坏，便容易导致侵蚀。变质岩不易发生侵蚀，砂岩、沙砾岩一般只有片状侵蚀，而花岗岩抗侵蚀力较弱，表层质地砂砾含量较高，土质疏松，有利于有机质矿质化，所以腐殖质层较其他细粒母岩发育的土壤表层薄，一旦坡地植被遭受破坏，土壤侵蚀量将迅速加剧，严重的侵蚀区多集中在花岗岩盆谷丘陵区，如河田、三洲、濯田、策武等乡镇。这一区域主要属低山丘陵河谷盆地，其土壤以红壤为主。红壤由花岗岩、泥质岩、砂岩、板岩等成土母岩的风化物发育而成。由于主要由花岗岩构成的土壤结构性差，团聚体破坏率可达72%~90%，土壤颗粒或微团聚体缺乏由有机质胶结而形成的水稳性团聚体，一旦降雨，雨滴打击坡面土壤，土粒立即崩散，大量土壤细粒形成泥浆，易随水流流失；一部分细粒则阻塞土壤孔隙，降低土壤渗透性能，加强了径流的形成，为水蚀创造了条件。同时由于土壤水分含量相当低，降雨时土壤易饱和而产生地表径流，引起水土流失。与此同时，花岗岩发育土壤为易蚀性土壤。土壤分散率、分散度都较高，石砾含量高，粘粒含量少，抗蚀性较差，不利于保水保肥。一旦面上红土层被剥蚀，地表抗侵蚀能力大减，裸露区切沟、崩沟大量发育，重力侵蚀活跃，土壤侵蚀模数大增。

气候降雨。土壤的内在性质是影响水土流失的基础因素，而降雨是水土流失的外力因素。长汀属亚热带季风气候，热量条件优越，年平均降水量1737毫米，降雨量大而且集中。降水年际变化大，最大年降水量2552毫米，而最小年降水量仅为1074毫米。年内分配不均，呈弱双峰式分布：其中4~6月降雨量占全年的52.2%；而9月份出现第二个雨量峰值，4~9月降水量占72%。降雨强度是引起土壤侵蚀的另一个突出因子。土壤侵蚀主要取决于降雨强度，降雨强度对土壤侵蚀的影响比径流显著得多。降雨量≥50毫米的暴雨日数多年平均 4.5 天，形成强大的侵蚀力。以 1986～1987 年河田镇的监测数据为例，其间降雨量 ≥50 毫米的暴雨仅 7 次，但雨量占总降雨量的 33%，而产生的侵蚀量则占总侵蚀量的 54.5%。总之，降水集中，年际变化大，且多暴雨，是造成长汀严重的水土流失的重要原因之一。

地形地貌。地形也是影响水土流失的重要因子之一，高度、坡度、坡形、坡向都对水土流失造成重要的影响。长汀所处闽粤赣三边地区，以山地丘陵为主。长汀县地貌类型以丘陵、低山为主，海拔在 220～762 米，占总面积的 91%，水土流失的变化随着海拔高度的递增呈现递减的趋势。一般来说，坡度越低，人类干扰强度越大。长汀县的水土流失主要集中于人类活动比较活跃的低海拔和坡度小于 25° 的低山丘陵区，如河田、三洲、濯田等乡镇。

从人为因素来看，大量人口聚居，向自然索取过度导致植被破坏，加剧了水土流失。

长汀水土流失诚然与其自身的生态质素有关，但如果没有人们活动的外力破坏作用，还不至于发生如此大规模的水土流失现象。在长汀自然环境条件下，如果地表植被遭到人为破坏，很容易产生水土流失，甚至崩岗。人地矛盾、粗放生产、人为破坏等，助推水土流失愈演愈烈。

人地矛盾突出导致水土流失。闽粤赣三边地区以前人口稀少，植被保存完好，水土流失现象尚不多见。从明末清初开始，随着本地区人口的增加，树木消耗量越来越大，农业开垦一步一步向山区深入。实际上，长汀水土流失现象是与近世人口的集聚现象同步发生的。从明洪武到清道光的 400 余年间，长汀人口增长了 8 倍，达到 494157 人，甚至与今天的人口数相当。[①]

---

① 王福昌：《生态·社会·共同体——明清以来闽粤赣三边地区生态与社会的互动研究》，上海师范大学博士学位论文，2006，第 74 页。值得注意的是，古今辖区变化导致人口对比缺乏准确的可比性。长汀县境于南宋绍兴三年（1133）变更之后，历经元明清，均无变化。此后，1939 年划出一部分归上杭县之后，其面积为 3934.9 平方公里，仍居全省第一。新中国成立后，先后于 1951 年、1956 年、1958 年三次划出多块地方归周边县管辖，面积降至 3100 平方公里左右，位居全省第五。即便如此，根据 2010 年第六次人口普查的数据，当年长汀常住人口 393390 人，清朝时期的人口密度与今天亦不相上下。

随着人口的迅速增长，人们生活上的需要不断增加，加上番薯、玉米、花生、烟草、山禾等旱地作物的种植向山区腹地推移，"毁林造田"的趋势愈演愈烈，历朝地方官员为解决当地老百姓吃饭问题，每每发起的深入垦山号令，使森林植被迅速减少；当地能源资源缺乏，缺煤少电，多以薪柴作为生活燃料。以河田镇 1980 年为例，全镇有 10007 户，除 2000 户烧煤及沼气之外，其余 8000 余户烧柴加上砖瓦窑和陶瓷厂所需，年消耗燃料 100 万余公斤和松材等 2000 多立方米。同时，可耕地比重小，加上耕作方式粗放，陡坡耕作，并且大多种植保持水土能力低的作物，造成雨水顺坡漫流，加剧了水土流失和土层贫瘠化。近几十年来，人口增长过快，导致耕地的垦殖率过高，使得水土流失愈加严重。

历史事件频发加剧水土流失。除了人口增加致使在生产生活方面对包括林地在内的自然资源索取的力度不断加强之外，一些历史事件，如战乱、宗族矛盾、经济建设运动等，对土地造成集中式大规模的人为破坏，加剧了水土流失。如 1912～1916 年间，因宗族派系林权纠纷，长汀曾发生两次大规模的互相抢伐林木的掠夺性乱砍滥伐事件，致使苍翠山林不久就演变成灌草迹地；1934 年国民党反动派实行第五次反共大围剿，红军长征北上，国民党反动派进驻河田，大量砍伐林木充做"军资"，植被遭到进一步破坏。新中国成立以后，在防治水土流失方面做了大量的工作，但对造成水土流失容易、恢复难的特点认识不足，不能很好地按自然规律和经济规律办事，因此水土流失状况进一步恶化。1958 年"大跃进"，大量砍伐林木烧炭炼钢铁，致使森林资源遭到了严重破坏；1959～1966 年水土流失新增了 9.6955 万亩；1966～1976 年十年"文革"期间，管理松弛，造成了群众的乱砍滥伐，此间新增流失面积达 19.9146 万亩；特别是在农业学大寨，向山要粮、开山造田的运动中，以及此后在落实山林权政策的交叉阶段，群众对林业政策产生误解，有不少人趁机大量砍伐林木，造成了不应有的损失，形成和助长了乱垦滥种的现象，1977 年后水土流失新增 12.8238 万亩。

建设用地增加加剧了水土流失。将长汀县土地利用状况与水土流失量进行分析，可以看出水土流失主要集中于林地、草地、旱地，这三类地占流失总面积的95%以上。特别是草地和旱地，所占土地面积不足20%，而流失面积却高达50%。另外，工厂和交通等方面的基本建设用地与裸土地的水土流失也不可忽视，虽然这些基本建设用地在土地利用中所占比例低，但流失面积占该类土地面积的比重大，流失强度也大；319国道的修建和改建、赣龙铁路的修建、汀龙高速公路及部分山区公路的建设造成沿线地区的水土流失十分严重，造成"路成一条线，下面压一片"。另外，在水利工程建设、水电站附近、采矿、砖瓦窑和陶瓷厂等活动中也造成类似的情况，甚至在山上不合理地种植果树、油茶等造成二次水土流失的现象也频频发生。

长汀县严重的水土流失，既有天灾，又有人祸，是在各种外在的、内在的因素相互作用下长期历史形成的结果。严重的水土流失，使得长汀这片原本水土丰美的区域，生态环境恶化，旱涝灾害频繁，土壤肥力不断下降，农田经常遭受毁坏，江河阻塞，水库淤积，影响了汀江流域的开发利用。治理水土流失成为长汀经济社会发展的首要任务。

二　水土流失治理的历程与成效

长汀水土流失治理，在新中国成立以前就有官方组织的和民间自发组织的治理形式，但这些治理大多是一种间歇性的小规模治理过程。1940年，国民党福建省政府研究院就在长汀县河田筹建"土壤保肥试验区"，这是我国成立最早的3个水土保持科研机构之一。当时，一批科技人员在极为艰苦、简陋的条件下，进行河田地区水土流失的成因等基础性研究，初步开展一些在点上的治理试验性探索。根据当时留下的研究资料，限于时局变迁，至1949年也只是进行一些基础研究和点上和面上的探索。真正大规模的治理，是新中国成立之后的事情。新中国成立以来，长汀水土流失治理大体经历了四个阶段。

（一）艰难起步，愈演愈烈

新中国成立初期，特别是 1958 年"大跃进"之前，新中国政府继续探索水土流失的治理之策。1949 年 12 月 4 日，设在龙岩的福建省第八行政督察专员公署在长汀河田设立"东江水土保持实验区管理组"，派员接管了国民政府福建省研究院设在河田的水土保持实验区（后改名为"农林部东江水土保持实验区河田工作站"），从而拉开了新中国成立初期长汀水土保持工作的序幕。一改民国时期水土保持偏重研究的做法，新的水保工作机构以广泛发动群众为工作重心，帮助乡村确定林权，建立林业生产组织，帮助制定护林公约，设立封禁区，派出专人巡山护林，禁止乱砍滥伐，禁止铲草皮，广泛实行封山育林。在此基础上，树立造林典型，掀起以"家家造林，人人植树"，"自采、自育、自造"等为主题的植树造林热潮。植树造林运动持续到"大跃进"之前，据有关资料统计，河田全区至 1958 年，累计造林 6.36 万亩，封山育林 17 万多亩，修建水土保持土谷坊 60 座，挖水土保持鱼鳞坑 16 万多个。造林运动取得了良好的成效，不少山头出现了郁郁葱葱的幼林，一些地方开始招来飞鸟山禽，昔日不闻虫声、不投栖鸟的凄凉景象已开始改变模样。但遗憾的是，1958 年开始的"大跃进"，在全民大炼钢铁运动的氛围中，河田一带的林木重遭劫难，多年营造的幼林被毁灭殆尽，新中国成立初期开始起步的长汀水土保持工作，再度陷入低谷。①

"大跃进"的狂热过后，中央政府做出了加强水土保持工作的指示。1962 年长汀县成立了"县水土保持办公室"，并在河田恢复设立了"水土保持工作站"，同时，较大范围的水土流失治理工作也开始恢复展开。当时进行了乔灌草种植、经济果茶栽培以及夏季绿肥等一系列生物措施治理试验和试点；工程措施的治理主要进行小台地、小水平沟整地及建土、石谷坊等。1962~1966 年累计种植乔灌草 2500 公顷，开水平梯田 107 公顷，

---

① 马卡丹：《新中国初期的长汀水土保持》，《炎黄纵横》2014 年第 3 期。

修建土谷坊1172座、石谷坊18座，水土流失治理取得较大成效。但是，在1966～1976年十年"文革"期间，政令松弛，管理失范，乱砍滥伐现象再度出现，使长汀森林植被资源遭受新中国成立以来第二次大破坏，各种水土流失治理工作基本停顿。直到1977年，长汀再一次展开以大搞农田基本建设为主的水土流失治理工作。是年冬，在河田搞千亩茶果场、"茶果良种示范场"，开始探索水土治理与开发利用相结合的路子。

（二）蓄力整治，初见成效

改革开放之后，长汀的水土流失治理工作的力度进一步加大。1980年，县水保站恢复建立，1982年成立县水土保持委员会及其办公室。1980年开始，在河田地区先后建立了八十里河、水东坊、罗地等"小流域治理"试验示范点，为后续将要开展的大规模治理工作积累了经验。1983年4月2～3日，时任福建省委书记项南与其他省领导及专家一行，莅临长汀县河田视察水土保持工作，并同当地干部一起总结水土保持的经验，编成水土保持"三字经"。在项南书记的领导推动下，省政府针对性出台具体政策措施，支持河田的水保工作。5月12日，福建省人民政府颁发《关于同意长汀县河田公社为全省治理水土流失治理的几个问题的批复》（闽政〔1983〕综246号文件）。河田由此被列为全省水土保持试点的重点区域，并决定从人力、物力、财力等方面给予河田公社以必要的支持。从1983年到1987年五年内安排1万吨煤炭指示，供应河田群众生活用煤；由省林业厅每年拨出育林基金20万元，主要用于育林和造林补贴；由省水保办每年拨出30万元，主要用于供应煤炭补贴。并明确规定"三至五年见绿不见红"的治理目标。随后，省委、省政府组织省农业厅、林业厅、水电厅、省水保办、省林科所、福建林学院、龙岩地区行署和长汀县人民政府等八家承包支援，开创了治理河田水土流失的新局面。1988年1月，全国政协副主席杨成武视察河田水保工作；是年，河田朱溪河流域被列入国家水土保持重点工程建设项目。

项南"水土保持三字经"

1983 年 4 月，时任中共福建省委书记的项南带领专家赴闽西原中央苏区长汀县考察，对河田等地严重的水土流失状况感触极深，认为它直接威胁人民生活和经济社会发展，非治理不可，初次商议并提出了治理计划和措施。就在当时，项南拟出了《水土保持三字经》，后于 1986 年 4 月作了修改，共 72 个字，言简意赅，通俗易懂。"三字经"镌刻在长汀水土保持科技示范园中"项公石雕像"的基座上，也成为长汀百姓坊间津津乐道的美谈。

责任制，最重要；严封山，要做到。

多种树，密植好；薪炭林，乔灌草。

防为主，治抓早；讲法治，不可少。

搞工程，讲实效；小水电，建设好。

办沼气，电饭煲；省柴灶，推广好。

穷变富，水土保；三字经，永记牢。

在 20 世纪 80 年代至 90 年代末，长汀开展了以绿化水土流失区荒山为重点的大规模造林绿化工程，使 151 万亩造林地重披绿装。其中，1983~1985 年，全县完成植树造林 19 万亩，仅在重点水土流失区河田镇就造林 4.5 万亩，使山头由"红"变绿，治理工作初战告捷。1989~1991 年间，长汀县实施"三五七"① 造林绿化工程，投入 4876 万元造林 28.3 万亩。其中，在重点水土流失区乡（镇）造林 18.39 万亩，提前一年基本完成宜林荒山造林任务，被国家授予"全国造林绿化先进单位"称号；为进一步加快水土流失区的治理步伐，1993 年春季，在河田、三洲、濯田等强度水土流失区的无林地实施飞播造林 13.02 万亩。以河田镇为例，从 1983 年到 1996 年，河田镇累计治理水土流失面积 9333.3 公顷，占该镇水

---

① "三五七"造林绿化工程指的是福建省在 1989 年发起的荒山造林计划：闽北用三年、闽南用五年消灭荒山，七年绿化八闽大地。

土流失面积的 58.92%。其中种草促林 2666.7 公顷，乔、灌混交林 3666.7 公顷，经济林 466.7 公顷，种果 466.7 公顷，补植及改造老头松 2000 公顷道路 72 公里。通过大规模的治理，河田的生态环境面貌开始改观，昔日的火焰山，开始披上绿装，山地植被覆盖度由原来的 10% 提高到 50%~85%。土壤侵蚀模数由治理前的 8580 吨/平方公里·年，下降为 449~695 吨/平方公里·年，河床普遍刷深 0.6~1 米，有效地减轻了洪涝灾害，初步控制了水土流失；生产条件得到改善，粮食播种面积双季栽培面积有所增加，粮食单产逐年提高，人民生活水平不断得到改善。河田人民绿梦成真的期盼得以初步实现。

（三）综合治理，规模推进

1999 年 11 月 27 日，时任代省长的习近平考察长汀水土保持工作，充分肯定了治理的初步成果。2000 年 1 月，习近平在长汀县人民政府《关于请求重点扶持长汀县百万亩水土流失综合治理的请示》上做出批示，同意将长汀县百万亩水土流失综合治理列入省政府为民办实事项目和上报长汀县为国家水土保持重点县。在他的亲自倡导下，中共福建省委、省政府决定 2000 年、2001 年把长汀水土流失综合治理列入为民办实事项目，每年补助 1000 万元。2001 年 10 月 13 日习近平同志再次视察长汀水土治理，对长汀水土保持工作做出指示：再干 8 年，解决长汀水土流失问题。并由省财政依据水保委成员单位承担的额度汇总每年统一下达治理水土流失资金 1000 万元。以此为契机，长汀水土流失进入一个综合治理的全新阶段。

一是加大了治理规模与力度。10 年共完成治理面积 74559 公顷，为省下达任务的 100.1%。其中：封禁治理 62120 公顷；种果 2472.6 公顷；坡改梯 412.4 公顷；生态林草 5822 公顷；低效林改造 3732 公顷；道路 250.33 公里；蓄水池 1413 个；节水渠 90.767 公里；沼气池 6897 个；拦沙坝（蓄水塘坝、陂头）38 座；监测站 1 个；煤点 16 个；苗圃 1 个；节水灌溉工程 1 个；治理崩沟 623 条。10 年治理水土 111.8 万亩，长汀宜治理的水土流失地已得到初步治理。

二是水土流失治理不断探索新路子，总结提炼新经验。在上级政府治理资源持续注入的同时，更多的力量参与到水土流失治理之中，形成合力，大大提升了水土流失治理的水平。在治理过程中，治理理念、治理措施、治理政策、治理机制等，都得到有效提升。其中，"四个创新"①"五个结合"②"六个三"③的治理模式与经验，被国家水利部水土保持司、科学院士专家团誉为"长汀水土流失治理是中国水土流失治理的品牌，南方治理的一面旗帜、南方治理的典范"。从体制机制层面来看，水土流失治理的长效机制逐渐形成。长汀推行拍卖、租赁、承包、股份合作等水土流失治理机制，建立山林权流转制度，实行谁种谁有，谁治理谁受益，并对在水土流失区发展种养业的农民给予税费减免、肥料补贴，调动群众治山治水的积极性。"草木沼果"生态农业模式的建立，使大片荒山快速恢复植被。利用牧草发展养殖，利用畜禽粪便发展沼气，沼液上山作肥料，使生态效益与社会、经济效益有机结合，探索出了一条可持续发展的水土流失治理道路。在建立生态公益林管护机制方面，2007 年历时一年完成了生态公益林管护机制改革 114.57 万亩，占应改面积的 99.5%，以到户联户管护、责任承包专业管护、相对集中委托管护等模式落实管护主体。创新生态公益林补偿机制，有效落实强林惠林政策，将林农的补偿费采用银行一卡通直补到户。2001～2011 年，全县共发放生态公益林补偿资金6292.9 万元，18.8 万林农直接受益，进一步提高了广大群众保护生态公益林的积极性。全县生态林 116.32 万亩、商品林 249.3 万亩实现全保。

三是治理效益开始全面彰显。在生态效益方面，据省水保监测站、福建师范大学地理学院、福建农林大学资源环境学院、县水保监测站 2008年对治理区监测，植被覆盖率由 15%～35% 提高到 75%～91%，植物种

① 即理念创新、技术创新、机制创新、管理创新。
② 即采取大面积生态修复与小面积治理相结合；禁烧柴草与解决群众燃料相结合；生物、工程、农耕与管理相结合；以植草先行，草牧沼果与发展农村经济相结合；经济林果与水保防护林相结合的方式治理水土流失。
③ 严格封禁做到三个建立、开发治理做到三个结合、强化领导做到三个落实、预防监督做到三个加大、项目管理做到三个规范、依靠科技做到三个创新。

类由7科7属8种增加到17~20科22~26属22~30种，侵蚀模数由4836吨/平方公里·年下降到438~605吨/平方公里·年，径流系数由0.52下降到0.27~0.35，含沙量由0.35千克/立方米下降到0.17千克/立方米，年增加保水6526.4万立方米，保土128.47万吨，群落向多样性、稳定性演替，生态环境大为改善，野禽、飞鸟又回来了，断流多年的小河又有水了。在社会效益方面，调整了土地利用结构，变劣势为优势，培育经济林果产业，十年新增果业面积3.7万亩。建立了如策武万亩果场、三洲杨梅基地、南坑银杏基地，取得生态环境保护和经济效益的双赢。

（四）进则全胜，全面提升

经过二十多年的全力整治，长汀水土流失的局面得到根本扭转，大量裸露的山体披上绿装，大量农田、崩岗、沟壑的水土得到巩固，剩下的多是二重山三重山等道路不通的边远地带。同时，林分结构单一、植被稀薄、局部已治理水土生态脆弱、建设用地毁林挖地等问题依然存在。这些都是难啃的"硬骨头"，需要付出更加艰辛的努力。2010年，省委和省政府再次做出决定：持续把长汀水土流失治理列入省委省政府为民办实事项目，继续实行扶持政策，再干八年，根治水土流失问题。2011年12月10日，长汀水土流失治理迎来了新的机遇：时任中共中央政治局常委、国家副主席的习近平对《人民日报》有关长汀水土流失治理的报道做出重要批示，要求中央政策研究室牵头组成联合调研组深入长汀实地调研。时隔一个月之后，习近平就在中央调研组报送的《关于支持福建长汀推进水土流失治理工作的意见和建议》上做出重要批示，指出"长汀县水土流失治理正处在一个十分重要的节点上，进则全胜，不进则退，应进一步加大支持力度。要总结长汀经验，推动全国水土流失治理工作"。2012年3月，在北京看望参加全国"两会"的福建代表团时，习近平再次提出：要认真总结推广长汀治理水土流失的成功经验，加大治理力度、完善治理规划、掌握治理规律、创新治理举措，全面开展重点区域水土流失治理和中小河流治理，一任接着一任，锲而不舍地抓下去，真正使八闽大地更加山清水秀，使经济社会在资源的永续利用中良性发展。

习近平对长汀水土流失治理的多次批示

2000 年 1 月 8 日，习近平在《关于请求重点扶持长汀县百万亩水土流失综合治理的请示》中作出批示："搞好水土保持是可持续发展战略的一项重要内容，应引起我们的高度重视。项南同志在福建工作时，就十分重视抓长汀的水土流失综合治理，我们应该继续做好这项工作……同意将长汀县百万亩水土流失综合治理列入省政府为民办实事项目和上报长汀县为国家水土保持重点县。为加大对老区建设的扶持力度，可考虑今明两年由省财政拨出专项经费用于治理长汀县水土流失。"

2001 年 10 月 19 日，习近平在龙岩市人民政府《关于要求将我市长汀县水土流失综合治理列入省生态环境建设长期规划并继续给予专项治理资金扶持的请示》上，对长汀水土保持工作再一次作出重要批示：（1）再干八年，解决长汀水土流失问题；（2）应纳入国民经济规划，请省计委安排；（3）按 2001 年资金安排规模和渠道形成拼盘意见，还要增加多渠道投资的措施，请省计委、省财政研究；（4）长汀河田是重点，还要统筹全省其他地方，但要突出重点。

2011 年 12 月 10 日，《人民日报》发表了《从荒山连片到花果飘香——福建长汀十年治荒 山河披绿》的文章，习近平在文章上批示："请有关部门深入调研，提出继续支持推进的意见。"

2012 年 1 月 8 日，习近平在中央七部委联合调研组提交的《关于支持福建长汀推进水土流失治理工作的意见和建议》上批示："同意中央七部门调查组关于支持福建长汀推进水土流失治理工作的意见和建议。长汀县曾是我国南方红壤区水土流失最严重的县份之一，经过十余年的艰辛努力，水土流失治理和生态保护建设取得成效，但仍面临艰巨的任务。长汀县水土流失治理正处在一个十分重要的节点上，进则全胜，不进则退，应进一步加大支持力度。要总结长汀经验，推进全国水土流失治理工作。"

按照习近平总书记"进则全胜、不进则退"的要求，在各级政府的大力支持下，在各种社会力量的协同推进下，"十二五"期间，长汀全力打造水土流失治理"长汀经验"升级版，新一轮水土流失治理和生态文明建设取得了显著成效，全县水土流失治理呈现"三多三少二突破一加强"的良好态势。

"三多"：一是造林种草、补植阔叶林施肥改造等强化治理措施面积增多。"十二五"期间，全县共实施水土流失治理项目 20 个，完成投资 3.23 亿元，累计综合治理水土流失面积 67.96 万亩，为规划任务的 117.2%。二是水土流失治理与发展绿色经济相结合项目增多。着重抓好坡地增收、沼气集中供气和崩岗经济三大重点，新增油茶、蓝莓、百合、桑葚等经果林 1.56 万亩，新种植金银花、黄栀子、蓝莓等经济作物 1.3 万亩，建立沼气集中供应点 10 个，解决近 500 户农户的生活燃料；因地制宜发展特色种养业，"草木沼果"循环种养生态农业，有力推进了水土流失区域的经济发展，摘掉了"长汀哪里苦，河田加策武"的帽子。例如，策武镇南坑村引进厦门树王银杏制品公司，租赁山地 2300 余亩，种植银杏 4 万多株，年产值可达 1000 万元，年出栏生猪 5 万多头，占全县总量的 7.64%。三洲镇大力发展杨梅产业，全镇共种植杨梅 1.2 万余亩，年出产杨梅 3000 余吨，产值达 5000 多万元，有效带动周边河田、濯田等乡镇杨梅种植业发展，被誉为"海西杨梅之乡"。至此，长汀基本实现了从严重的水土流失区到生态文明建设示范区的华丽转身，踏上了"使经济社会在资源的永续利用中良性发展"的生态家园建设新征程。三是水保生态示范点增多。全县新增林地水土流失治理、坡耕地改造、崩岗治理、草牧沼果生态治理及水土保持生态村等各类示范片41个，总面积近5万亩。

"三少"：一是水土流失面积减少。据2015年遥感调查，水土流失面积从2011年的47.66万亩下降到2015年的39.6万亩，减少8.06万亩，减少减轻流失率达3.25%，水土流失率为8.52%，在全省11个水土流失治理一、二类重点县中最低。二是强度以上水土流失面积明显减少。全县强度以上水土流失面积比2012年初减少28670亩，近70%的强度以上流失区得以明显减轻。三是针叶林比例减少。全县新植或补植阔叶林近9万亩，针叶林比例明显减少，林分结构有所改善。

"二突破"：一是创新社会参与机制取得新突破。通过集体林权制度改革、山林经营权流转、项目倾斜、资金扶持、基础设施配套、种苗肥料补助等优惠政策，吸引各种力量参与生态文明建设和水土流失治理，"十二五"期间，共引进、扶持了65家企业和个人参与规模化、专业化、集约化治理水土流失。二是创新封禁护林机制取得新突破。健全封山育林制度，组建了一支107人的水保护林队伍，完善群众燃料补助政策，实施以电代燃补助政策。其间累计发放电补资金3111.9万元，受益人口达47万人。

"一加强"：全县水土保持预防监督和科技协作工作进一步加强。严格封禁和落实水土保持"三同时"制度，加强监管，明确责任，禁止炼山造林、暂停天然阔叶树采伐。"十二五"期间共申报开发建设单位水土保持方案71个，申报率达100%，落实水保措施68个，落实率达95.8%，征缴补偿费143万元；构建了长汀水土保持院士专家工作站、福建省（长汀）水土保持研究中心、长汀县博士后研究工作站等"三站一院一中心"的科研平台，与中科院等各高等院校和科研院所合作开展了水土保持生态建设项目研究26项。2012年"红壤丘陵区严重水土流失综合治理模式及其关键技术研究"获中国水土保持学会科学技术进步一等奖，2013年在全省率先被水利部评为"国家水土保持生态文明县"，2014年被列为"中国生物多样性保护与绿色发展示范基地"。① 2016 年 3 月 5 日，国家环保部国家级生态县技术评估组，通过对长汀县 5 项基本条件和 22 项建设指标的综合考核，认为总体达到国家生态县考核要求，长汀县成为龙岩市首个通过国家级生态县建设技术评估的县份，一跃从生态问题县成为生态先进县。

三　水土流失治理的经验

长汀水土流失治理的成功实践被国家水利部、院士专家团誉为"不仅是福建生态省建设的一面旗帜，也是我国南方地区水土流失治理的一个典范"。认为长汀的水土流失治理经验，值得进一步总结和提炼。事实上，对长汀水土流失治理实践经验，包括各级领导、当地党委政府及职能部门、各界专家学者，从不同角度做过总结提炼。综合各种意见，我们认为，水土流失治理之"长汀经验"，应该从治理措施、治理机制和治理精神三个方面进行深层次总结。

（一）治理措施

第一，坚持预防为主，确保自然修复。预防为主作为水土保持的核心，同时也是解决环境问题的要义。与一切环境问题相同，水土流失防治的起点即是预防。只有抓住这一点才能够有效避免和减轻自然因素和人为因素引发的水土流失，从源头保护水土资源，保护生态环境。长汀属于花岗岩地貌，土壤结构疏松，含沙量大，水土流失区土壤的抗蚀年限仅为黄土高原水土流失区的 1/10。由于生态环境脆弱，其表层植被一经破坏，很难恢复。因此，在治理的过程中要做到防范于未然，避免因人类活动可能造成的水土流失。在自然因素不可避免的情况下，也应当做好事先预警措施。预防为主的方针，实际上就是顺乎自然规律，把水土保持工作的重点落在以自然生态恢复为主之上。同时，对于水土流失比较严重的荒山缓

---

① 以上成效主要参见《创新水土流失治理机制，打造"长汀经验"升级版——长汀县"十二五"期间水土保持工作典型材料》，中华人民共和国水利部网站，http://www.mwr.gov.cn/ztpd/2016ztbd/stbcf5zn_ 201602/t20160225_ 734559.html，2016 年 2 月 25 日。

坡，将造林种草工程落到实处。造林种草过程中，同样顺应自然植被的生长规律，让自然植被的自生能力最大地发挥出来。这种方法既省力又有效。因此，预防为主策略应该要以自然修复为主、人工建设为辅。即使是人工干预，其方式、方法、时间也要合乎自然规律。

第二，坚持严格封禁，凝聚全民共识。炼山、砍柴曾经是造成长汀水土流失的主要原因。为此，长汀县委、县政府要求对符合封育条件的水土流失地全部采用封育治理，在1998年就出台《关于封山育林禁烧柴草的通告》，随后又制定了《关于护林失职追究制度》《关于禁止砍伐天然林的通知》《关于禁止利用阔叶林进行香菇生产的通告》等一系列规章制度，乡（镇）村制定《乡规民约》《村规民约》等相关制度。对水土流失区实行封山禁采禁伐，依靠生态自我修复能力，恢复植被，收到了事半功倍的效果。对符合封育条件的水土流失地全部采取封育治理，优先解决封禁区群众的生计问题，建立燃料补助制度，以煤代柴，并鼓励农户发展沼气，解决了封禁区群众生活上的后顾之忧，使大部分群众自觉不烧柴草，从源头上杜绝了对植被的破坏，确保了封山禁采禁伐工作的顺利推进。对侵蚀特别严重的部分水土流失区辅以人工治理，通过撒种、补植、修建水平沟、治理崩岗等工程和生物措施，为生态修复创造条件，加快了植被恢复。从体制机制与舆论宣传层面确保封禁工作落实到位。各乡镇、各村建立了规章制度和村规民约，明确封山育林育草的目标、任务、范围、措施、责任、队伍、考评等及对违约行为的处罚措施。同时，为全面杜绝乱砍滥伐，全县每个乡镇都建立专业护林队，村村设专职护林员，并在水土流失区组建了由36人组成的水保专业护林队，形成"县指导、乡统筹、村自治、民监督"的护林机制。再是加大宣传力度，主要做好面向公众、面向校园、面向企业的宣传活动，强化干群"守土有责"意识；对新上的生产建设项目、资源开发项目与执行水土保持设施"三个同步"进行，预防开发建设造成新的水土流失；与此同时，加大对造成水土流失的案件查处力度，重点整顿稀土矿点、采石矿点，向社会公开通报查办结果，让护林爱林成为域内全民共识，形成强大的社会舆论氛围。

第三，坚持改善民生，巩固治理成果。由于长汀缺煤少电，以木生火、以草为燃料是世世代代农民解决燃料需求的主要途径。解决群众燃料问题，是巩固治理成效的必要步骤。为了让老百姓"收起柴刀"，解决群众燃料问题，封育保护治理区内的农户全部改燃改灶。烧煤由政府出资补贴，1983～1999 年，在水土流失区的 7 个乡镇对农户实行燃煤补贴，以发放煤票的方式供煤，每个煤球补 0.04 元，相当于当时煤球价格的 27%。煤补引导农民烧煤，有效解决了农村的主要燃料问题，遏制了农民上山打枝割草砍柴的现象，使山林植被休养生息。长汀从 20 世纪 70 年代开始推广应用沼气，目前全县有沼气池 2 万多口，政府对农民建沼气池给予补助，补助标准从 2000 年的每口 800 元，提高到 2011 年的 2500 元，约占总造价的 50%。沼气的发酵原料来源于人畜粪便和农业废弃物，是一种可再生能源，建一口 10 立方米沼气池，节约的薪柴相当于 3 亩薪炭林一年的生长量，等于保护了 3 亩林地。近年来，随着农村居民经济条件的改善和农民生活水平的提高，电器化进程不断加快，用电量逐年攀升，长汀政府顺应新形势，对水土流失区农户纯生活用电进行补助，省定 7 个水土流失重点乡镇，按年纯生活用电量每度补助 0.2 元（其中由市政府补助 0.1元）；其他 10 个乡镇，按年纯生活用电量每度补助 0.05 元。以上引导农民以煤、沼、电代柴的举措，从根本上解决群众燃料问题，从源头上解决农民烧柴对植被的破坏。

第四，坚持综合治理，强化技术支撑。坚持以小流域为单元全面规划，山、水、田、林、路综合治理，林、果、草、畜、牧合理配置。对低山丘陵山顶脊部强度水土流失区进行草、灌、乔一起上的办法加速植被恢复，坡面种植灌木和阔叶乔木，建立较为稳定的植被群落；对于"老头松"林下水土流失区域，采取补植施肥改良植被；对崩岗治理区域，探索改"崖"为"坡"，变崩岗区为生态种养区；对于山坡地茶果园水土流失区，进行坡改梯，采取前埂后沟的办法综合整治；对坡度平缓、交通便利的小流域采取治理与开发相结合的办法进行开发性治理。

在综合施治的前提下，不断强化技术创新和技术支撑。立足本地探索创新治理，同时加强引进专家指导。邀请 10 多家高校、科研单位到长汀开展新技术、新模式实验，建立开放式、多元化博士生工作站，促进科研成果转化为治理技术，转化为生态效益。在内外合力之下，治理理念与治理技术不断创新。其中，治理理念的创新是治理技术创新的先导。"反弹琵琶"的治理方法就是长年治理经验的结晶。据观察，长期水土流失的典型——"光头山"的形成，往往经历了"常绿阔叶混交→针阔混交→马尾松和灌丛→草被→裸地"的演变过程；治理时，遵循逆向演替规律，"反弹琵琶"，以草灌先行，重建植被，使植被成长实现从低端向高端逐步演替。在治理实践中，探索出陡坡地"小穴播草"技术，即挖一个穴，撒几把草籽，催生草灌等植被；以此为基础，探索推广"等高草灌带"种植法，即在山坡地沿等高线，采用品字型挖水平沟，种植草木、灌木植物，当年即可减少地表径流 30% 以上，3 年达到基本覆盖；"老头松"改造改善植被法，"老头松" 10 ~ 20 年只长 1 米高，林下无草、灌或少草、灌，在治理中推广"老头松"抚育施肥加以改造，促其生长并促长其他伴生草灌；"果草牧"循环利用法，实施果园种草改良植被，在幼龄果园推广秋大豆春种，作绿肥压埋改土。村户周围的荒山荒沟，在常规的"猪沼果"生态种养模式前加上种草这一环节，种草既可以稳固土壤，又可以喂养牲畜，牲畜粪便可以产生沼气做燃料，然后再做果树肥料，这样不但节省了肥料投入，还有利于改善水土，也极大地提高了村民的积极性。这些治理技术经由系统研究，获得国家层面的认可。2011 年，由长汀县水保局等完成的"红壤丘陵区严重水土流失综合治理模式及其关键技术研究"被中科院地理科学与资源研究所、生态环境研究中心等机构鉴定为"达到国内领先水平"，被认为是产、学、研有机结合的典范，获得第四届中国水土保持学会科学技术一等奖。[①] 2016 年 4 月，由省科技厅组织、福州大学等单位承担的"十二五"

---

① 《福建长汀水土流失治理"绿梦成真"》，《福建日报》2011 年 6 月 24 日。

国家科技支撑计划"南方红壤水土流失治理技术研究与示范"项目通过验收，标志着我省水土流失治理技术研究已上升到国家级水平。[1]

孙鸿烈院士：长汀水土流失治理的科学性

长汀县在治理水土流失的过程中，经过长期的探索和实践，积累了丰富的治理经验，形成了几大治理与开发模式。如……"大封禁，小治理"、"草牧沼果"、"等高草灌带"、"老头松"施肥改造、陡坡地"小穴播草"等，这些治理技术和模式有其深刻的科学性：一是充分利用了植被自然演替规律；二是充分利用了植被地带性分布规律；三是充分利用了生态自然修复规律；四是充分应用了自然生态系统循环规律。[2]

（二）治理机制

水土流失治理是个系统工程，没有强大的组织和动员能力就难以协调实施；水土流失治理也是个公共产品，没有超越一己私利、短期行为的主体力量就难以坚持到底。换言之，水土流失治理离不开政府公权力的主导作用。长汀水土治理的历程充分说明了这一点。作为一项政府治理公共事务的善政工程，它是历届政府、各级公权力机关及其干部职工持之以恒、不懈努力的结果。但是，我们也看到，政府不是解决一切难题的"万能钥匙"，政府不能包打天下，政府需要适时创造各种条件、动员各种力量、整合各种资源，实现水土流失的协同治理。长汀水土流失治理之所以可持续，正是因为在政府引领示范之下，吸纳社会力量、引入市场机制参与治理。善政之后有善治，这正是长汀水土流失治理留给我们的最大启示。从

---

[1] 《南方红壤水土流失治理项目在长汀通过验收》，《福建日报》2016 年 4 月 9 日，第 1 版。

[2] 孙鸿烈：《长汀经验为水土流失治理树立了典范》，人民网·福建频道，2014 年 6 月 3 日，http://fj.people.com.cn/changting/n/2014/0603/c355599 - 21336910.html。孙鸿烈是中国土壤地理与土地资源学家、中国科学院院士。

治理机制的角度来审视，我们认为长汀水土流失治理成功实践所蕴含的"党政主导、持之以恒，群众主体、社会参与，市场取向、科技支撑"的生态治理机制，对于公共事务治理具有普遍的指导意义。

第一，党政主导。作为一个红色老区县，长汀的经济基础十分薄弱，县乡财政捉襟见肘，在很长一段时间里需要依靠转移支付维持正常运转。面对近150万亩的水土流失区，长汀一级政府无法独力承担治理重任。所幸，改革开放以后，长汀比较早地得到中央及省市政府的大力支持。福建省委、省政府每年将长汀水土流失治理示范区建设纳入重要议事日程并提供支持。从1983年项南书记考察长汀推动部署水土流失治理项目开始，到习近平在福建任上以及到中央工作以后的多次批示，长汀水土流失治理获得了高层领导持续的关注。这种关注带来的是从中央到省市各级相关部门实实在在的治理帮扶的政策、资金、技术和人才的支持。如果没有中央和地方各级政府的关注和支持，单靠长汀自身的力量，水土流失治理不可能在这么短的时间内取得这么好的效果。尤其是习近平两次批示之后，中央和省、市各级各有关部门在政策、资金、项目、人才等方面进行协调对接和对口帮扶，形成了各方共同支持长汀的强大合力。比如，省委办公厅作为省直单位对口帮扶长汀县的牵头单位，充分发挥综合协调职能，帮助长汀跟踪落实各级、各部门支持长汀发展的有关事项。"我们这种社会制度可以形成这样一种强大的合力。可以说，长汀是幸运的，这种合力的形成造福了长汀。"[1]

在获得上级党委政府的大力支持的同时，水土流失治理的大量工作是由当地政府部署和落实的。县委书记、县长统领水土流失治理工作，各相关部门领导抓具体治理。长汀县水保局在牵头领导当地水土流失治理工作与落实政府责任方面起着重要的作用。林业局、农业局、水务局等部门开展具体的分工与合作，各司其职。领导体制和运行机制一经确立，政策出

---

[1] 郭为桂：《从水土流失治理到生态家园建设：打造"长汀经验"升级版——专访中共长汀县委书记魏东》，《领导文萃》2015年第10期。

台与政策实施便成为水土流失治理的重点。实际上，在新时期水土流失治理过程中，当地政府实施了一套"政策组合拳"。比如，建立示范基地。早在 20 世纪 90 年代初，林业、水保等部门率先建立杨梅试验示范基地，县委、县政府动员全体机关干部投资山地综合开发，通过建立基地取得成功经验，以实实在在的成效引导群众参与水土流失区的开发性治理。再如，发挥组织优势。各级党组织发挥党员和村干部、种养大户在开荒种果中的传帮带作用。如大同镇党员赖木生自种和承包果园 1300 多亩，年收入 80 多万元，成为全国劳动模范和治荒标兵，带动大同、河田、策武等乡镇农民包山种果；三洲镇党委实施党员"先锋工程"，由黄金养、黄群等六位党员率先种果并创办杨梅协会，通过"党员先锋户 + 示范户 + 困难户"的模式，进行结对帮扶，带领村民种植杨梅 5000 多亩，实现共同帮助，共同发展，共同富裕。同时工、青、妇等群团组织积极发挥作用，宣传动员社会各方面的力量投身水土流失治理，在上级有关部门的支持和倡导下，共青团县委在河田水土流失区建立了 2020 亩的汀江源头青年生态世纪林，除种植樟树、枫香、松树等绿化树种之外，还种了桃、李、梨等果树，增强发展后劲；县妇联建立"水土保持巾帼林"，县总工会建立"五一生态林"，组织妇女和工会会员参与植树造林、种茶种果。又如，配套基础设施。为营造一个便利的开发治理环境，确保高标准种植，方便果园管理，县政府整合水保、交通、林业等部门的资金，对连片种植 500 亩以上的山场修建果园便道，极大地方便了肥料上山，节省了建园成本，方便了果农管理和采摘活动。

生态治理是一个复杂、系统的工程，周期长、投入大、收效低，是一项社会公益事业。生态问题关系国计民生和生存环境，既是经济工作，也是政治任务，是政府必须提供的一个公共产品。长汀水土流失治理的历程表明，在生态治理中，党委作为社会事业的领导者，政府作为人民群众的受托者，应成为生态治理责无旁贷的主导力量，在群众看不准、不敢做、不想做的情况下，在老百姓拿不定主意的时候，党政必须发挥主导作用，必须树立"前人种树、后人乘凉"的政绩观，成为开路的先锋、治理的先驱,通过党员领着群众干,干部种给群众看,逐步形成全社会共同参与治理的合力。

第二,群众主体。水土流失综合治理,工程浩大,牵涉面广,是一项长期、艰苦、伟大的事业,光靠政府的投入是远远不够的,各个方面的工作都需要群众的配合与参与。在治理水土流失的过程中,长汀把群众作为治理水土流失的主体和力量源泉,将工作着力点放在凝聚民心、发挥民智、调动民力上,把动员组织群众作为第一位工作来抓,尊重群众的首创精神,全民动员、全社会参与,群策群力,积聚全县人民的合力,走出了一条水土流失治理的群众路线。党的十一届三中全会后,长汀县决定在河田先搞一个千亩茶果场做试点,茶果场开发工程一拉开,2000 多名民工到河田安营扎寨,搬山填壑,整个河田都沸腾起来了,县里的指挥部就设在河田。第一次战役的成功,引起了福建省委、省政府的重视和有关部门的关注。从 1981 年开始,在河田又先后进行了"八十里河小流域治理"、"水东坊水土保持试验"、"赤岭示范场综合治理"、"刘源河水土保持治理"和"罗地以草促林试验治理"等五大战役。每一次战役都得到广大群众的支持,群众是主力军,民工们吃大苦、流大汗,却毫无怨言。在随后的治理实践过程中,长汀县水土保持工作逐步实现从单一的政府治理向国家、集体、社会、个人多元主体参与治理的转变。以植树造林为例,长汀地方党委政府善于通过大户示范引领的方式,不断吸引群众参与水土治理,汇成强大的合力。据统计,2006~2012 年,全县营造林面积 36.2918 万亩,其中个体(含造林大户)造林 19.26 万亩,超过总造林面积的一半。其间涌现出个体造林的"领头羊",刘静美租赁河田镇红中村相见岭水土流失区山场,成立家庭水保生态林场东源林场,造林 4470 亩;林慕洪租赁 4600 亩山场种植油茶,种植油茶林达 3042 亩,有效地带动了周边村庄农户植树造林、参与水土流失治理。有了承包大户的带头,群众看到了治理水土流失是一条致富的好门路,纷纷行动起来。比如地处长汀三洲乡三洲村与桐坝村交界处的石官坳,过去岩石裸露,寸草不生。2002 年,三洲村承包大户黄勤通过填平崩岗，前埂后沟，埂劈种草，平台挖穴，拉来一车车塘泥，硬是栽上了 230 亩杨梅和 150 亩茶园。正是在黄勤等大户的带领下，群众纷纷行动起来，全乡先后种植杨梅 12260 亩，使昔日的"火焰山"变成了"绿满山"，"绿满山"变成了"花果山"。

图 1-2 长汀水土流失治理中的动员组织与全民参与

发动大户承包带动群众参与，使政府在水土流失治理中的角色发生了一些变化，从原来的直接治理，到提供公共产品和政策支持。以三洲杨梅基地为例，为了解决前期经费投入问题，县政府以上级下拨的水保补助资金为主要来源，整合林业、农业等方面的资金，对项目区种植杨梅的每亩给予种苗、肥料、抚育管理补助计 300 元，水池每个补助 180 元。每亩300 元的政府补助资金，拉动的是群众 3000 元以上的果园开发投入。另外对果园建设管理房、生活用房免交各种费用；路网由政府统一组织施工，无偿提供业主使用；对领办、创办、承包开发 50 亩以上果园的干部，资金投入不足的，由县产业发展担保中心担保，向银行贷款等一系列扶持政策。对政府前期投入种植并已经成林、收到较好生态效益的杨梅林，以成本价转让或以低廉的承包费发包给农户及企业，同时按照"谁治理、谁投资、谁受益"和"谁种谁有谁受益"的原则，对于在水土流失治理区域种植非木质利用（如油茶、杨梅、板栗、茶叶等采果采叶的）或补植、套种的林木权属明确的，给予登记林木所有权和使用权，发放新林权证，解除经营者的思想顾虑，让社会资金放心大胆地投入开发性治理之中。优惠的政策，优质的服务，吸引众多投资者和群众，把资金投向荒山。通过一系列的政策引导与扶持，政府基本退出杨梅基地的具体经营与管理工作，把精力转向宏观政策指导与公共服务。

种养大户黄金养

"这几年我家种的茶叶和杨梅都在水土流失区，茶叶种了 100 多亩，杨梅种了 500 多亩。政府在这方面支持很大，每亩补贴我家 300 元钱。" 2012 年春节，长汀县三洲乡村民黄金养谈起自家的小日子，不禁喜上眉梢。黄金养有个农家小院，房前屋后种植了各种花草树木，还放养不少家禽，良好的环境有利于家禽健康成长，而家禽的粪便不仅提升了土地的肥力，促进了花草树木茁壮成长，还能发酵成沼气用来烧水做饭，小小院落形成了一个循环利用的生态系统。黄金养家这种生态农家小院正是长汀目前推行的生态治理模式，它把新农村建设与水土流失综合治理有效结合起来。老黄介绍说，他家发展种植业，县政府就补助了 20 多万元，每年家庭收入因此增加了几十万元。他对生活充满信心："政府一年又一年地坚持抓水土流失治理，现在的山也不会光秃秃了，到处都是绿油油的大片果园，日子越来越好过哩！"①

水土流失治理是一项系统性工程，政府不可能也不应该"包打天下"。长汀水土流失治理的过程启示我们：政府应该始终坚持以政策为导向，通过不断创新政策、完善政策和落实政策，引导人民群众发挥水土流失治理

---

① 本报采访组：《政府主导 群众主体 社会参与——长汀水土流失治理之路（上篇）》，《福建日报》2012 年 2 月 2 日，第 10 版。

的主体作用。要尊重群众首创精神，始终坚持把群众作为治理水土流失的主体和力量源泉，全民动员、全社会参与，组织群众积极承包治理，培育治理大户引导治理，引入个人承包治理，凝聚民心，发挥民智，调动民力，变"要我治理"，为"我要治理"，走出一条水土流失治理的群众路线，充分调动广大人民群众治理水土流失的主动性、积极性和创造性，使群众真正成为治理水土流失的主人翁和主力军。

第三，市场引导。靠政府的全民动员、靠群众的承包种养及其带动，对于治理荒山起了巨大作用。但是，随着时间的推移，这种方式也暴露出一些新问题。比如，树种结构单一长期困扰水土流失区生态环境优化，由于水土流失区植被覆盖率低，且跑水跑肥，阔叶树难以自然恢复。动员群众种植的以马尾松为主的针叶林，对水土流失区保水保肥有一定的局限性，也容易发生树木的病虫害等次生灾害。群众承包地分散经营，即使是大户的种养，多数也不具规模效应，其经济效应和生态效应都受到较大约束。如何在巩固治理成果的基础上合理开发，"既要绿水青山，也要金山银山"，就成为水土保持事业持续发展的一个重要问题。解决这一问题，长汀采取的是市场化、规模化和专业化的路子。以市场机制为引导，推行市场化运作，利用社会资金、社会力量来做大做强生态产业，推进水土流失治理。为此长汀在全县范围内采取了三条措施。

一是开展集体林权制度改革，优化资源配置。在集体林权制度改革中，对未治理而群众又不愿治理的水土流失地，政府收回经营权，采取拍卖、租赁、承包等方式，重新发包。从 2003 年 6 月开始，将山林权属落实到户，开展公开招投标或公开协议转让，签订承包、转让合同，使承包者真正拥有处置权和收益权。虽然当时每亩每年仅 0.56 元的租赁费，但象征着荒山已经进入了市场，而且允许进行合法的流转，荒山经营权已经实现了商品化，使之成为一种商品进行流通，由此不断提升荒山的价值。截至目前，全县已完成林权登记发证 340.2995 万亩，占应登记发证面积的 90% 以上，核发林权证到户率达 93.38%。全县通过自愿有偿转让、出租、合作等形式进行水土流失治理和发展现代林业的林权流转面积达

133.74 万亩，占 38%。集体林权制度改革后，通过林地林木资源的流转、出租、转包、合作等市场机制引导，林农无须上山采伐就可以把山上的林木变成现金，林业生产从经营资源转变为经营资产，让山定权、树定根、人定心，经营者树立长期投资的理念，把更多的资金投入山地。与此同时，以林改为契机，积极探索林地、林木抵押贷款办法，协调金融机构，把支持个体和公司造林作为林业小额信贷扶持重点，提供融资支持。2007 年以来，通过林业小额贷款和山林权抵押贷款，融资额不断扩大。特别是 2013 年以来，长汀根据林农经营特点和资金需求，推出并不断完善林权直接抵押贷款的实施办法，县财政安排 3000 万元作为林权抵押收储保证金，银行按 5 倍以上给予放贷；林农可以在 5 家银行中选择授信、按揭、惠农卡或信用卡等低息贷款，贷款期限可长达 10 年。过去抵押物局限于中龄林、成熟林，现在扩大到所有商品林，并延伸至公益林内套种补种的花卉苗木等。截至 2016 年 6 月，长汀累计林权抵押登记金额 5.3 亿元；其中县林业金融服务中心办理林权抵押收储担保贷款 131 起，收储担保贷款金额 6000 多万元，没有出现一起不良贷款。随着林农森林生态资源从"静资产"向"活资产"转变，千家万户投身治山治水、实现脱贫致富渐成长汀"新常态"。

二是引进造林公司，实行专业化种植开发。通过招商引资，引进专业化造林公司，实现以政府和部门造林为主向以社会化、公司化造林为主的转变。2012 年以来，全县共引进和扶持 60 多家企业和个人规模化、专业化、集约化参与水土流失治理，其中有 20 余家造林公司被引进到长汀县开展工程化造林。在种植生态林的同时，大力发展民生林业，种植油茶、无患子、蓝莓等经济林，杉木、马尾松等速生丰产用材林，有力地加快了水土流失治理和林业生态建设步伐。福建艳阳农业开发公司在河田、涂坊、南山等乡镇租赁荒山，新植油茶示范林达 9000 余亩，营造杉木、马尾松速生丰产用材林 7000 余亩；福建大青实业有限公司在河田、涂坊以租地形式种植无患子，建立 5000 多亩生物质能源基地；厦门中盛粮油公司在馆前镇创建 1235 亩油茶基地，被国家林业局授予"全国油茶科技示范基地"；广东客商在长汀成立东森林业有限公司租赁濯田刘坑村水土流失区山场 6076 亩开展植树造林，厦门客商在濯田镇的巷头、丰口、黄坑种植蓝莓达 2000 亩，建成全省种植面积最大的蓝莓基地；绿海林业公司在四都、濯田、童坊、古城等乡镇租赁山场种植杉木、马尾松 7361 亩；枫林生态农业有限公司造林 4600 亩。在公司化专业化种植生产的同时，个体大户集约化造林也逐年形成规模，全县造林面积在 500 亩以上的造林大户达 33 户。目前，非公有制造林面积占全县造林面积的 85% 以上，公司化、专业化的种植开发使长汀造林绿化呈现出生机勃勃的发展态势。

三是建立产业合作经济组织，开拓市场。以三洲万亩杨梅基地为例，基地先后成立了长汀枫林杨梅合作社和三洲杨梅产销协会，为果农提供科技、信息、资金、运销等产前、产中、产后服务。协会和合作社每个季度办好一次培训班，聘请专家传授杨梅的优质丰产技术，使杨梅达到无公害标准。他们还通过合作社统一采购农机具、化肥、有机肥，统一供应平价肥料，节省生产成本；以合作社的形式，联系果贩，打开销路，策划杨梅节，扩大影响力。目前这里的杨梅打入了上海、广州等地市场，所有滞销的杨梅全部由合作社组织外销，解除了卖果难的问题。同时合作社还与浙江大学、福州大学联合攻关，邀请省农科院的专家解决杨梅保鲜加工和专用肥等问题。

发挥市场机制的作用转变资源配置方式，是实现有效治理的重要支撑。随着治理实践的不断深化，市场的、社会的主体和机制正在发挥着越来越重要的、具有某种方向性和替代性的作用。发挥市场机制的作用，使长汀水土流失治理和水土保持工作迈上了一个新台阶：初步实现生态效益与经济效益的互动发展。

（三）治理精神

在长期的治山治水实践中，长汀人民"探索了一条山区老区以生态修复与重建促进经济社会可持续发展，以经济社会平稳较快发展支持环境保护和生态建设的县域生态文明建设路子"。在长期的治理过程中，不仅探索出科学的治理方法，同时形成了有效的治理机制，更在此过程中涵养出"滴水穿石，人一我十"的治理精神，成为新时期带动长汀经济社会发展的强大的内生动力。正如水利部部长陈雷在总结推广长汀水土流失治理经验座谈会上所说的那样，"水土流失治理是一项改造山河的伟大创举。这些年来，长汀县大力发扬革命老区自力更生、艰苦奋斗的优良传统，以'滴水穿石、人一我十'的韧劲拼劲，以'水土不治、决不放弃，山河不绿、绝不收兵'的雄心壮志，锲而不舍、常抓不懈、持续奋斗、永不停顿，一任接着一任干，一张蓝图绘到底，为我们做好新时期水土流失治理、推进中国特色水土保持生态建设提供了强大精神源泉。"①

"滴水穿石，人一我十"的治理精神，是长汀水土流失治理工作艰巨性的精神投射。治理水土流失首先要种草种树，恢复植被。但由于水土流失区山地的土壤过于贫瘠，许多种下去的植物无法生存，要么还来不及成长就被雨水直接冲走，要么因为地力缺营养活不成或长不大。为了改善土壤的营养结构，在种草种树过程中需要大量施肥，而这个过程需要大量的时间、人力、物力的投入。那些成活下来的草苗或树苗，其成长的速度也是十分缓慢的。比如，正常土地上的果树栽种四到五年就会有收益，但在水土流失土地上栽种的果树，往往需要十年左右的时间才会有收成。长汀人民就是在这样的情形下，开始了与100多万亩的水土流失地做不懈的"斗争"。在裸露坚硬的山石之间、在松软贫瘠的土壤之中种草种树，伴随着一次次的希望和失望的交替，如果没有巨大的付出和持久的耐力，如果没有不怕挫折顽强坚韧的毅力，如果没有收获的渴望必胜的信念，是绝无可能最终把"荒山"变"绿洲"的。因此，"滴水穿石，人一我十"的治理精神，表征的是奉献精神、务实精神与执着精神，是这三种精神的有机统一。

首先，艰巨的治理任务需要"前人栽树，后人乘凉"的奉献精神。对

---

① 陈雷：《大力推广长汀经验 扎实做好水土流失治理工作》，《中国水土保持》2012年第6期。

长汀这样一个相对落后的地区而言，面对 100 多万亩的水土流失地这样一个影响整个区域的经济社会发展大局的灾害，其治理需要巨大的投入与牺牲。治理水土流失，首要的是封山育林。原来是靠山吃山，必须变为养山育山。向山索取的路子行不通了，老百姓生产生活的传统路子也被堵掉。这需要当地政府和群众做出新的抉择，牺牲眼前利益。面对困难的抉择，长汀人民迎难而上。长汀县委、县政府 30 年来坚持将水土保持作为全县可持续发展的战略任务，放在全县 50 万人民安居乐业的现实要求上去谋划，并由县委书记、县长挂帅；河田、濯田、策武等重点区域，各乡镇也分别成立由党委主要领导任组长的领导小组，发动全县干部群众上下一致、共同奋斗，无数的日子、无数的人员、无数的汗水，凝结成今日长汀水土丰美、满山披绿的"绿色家园"，其过程正是长汀人民乐于奉献的精神写照。

其次，艰巨的治理任务需要"寻求一点一滴的进取"的务实精神。水土流失治理工作诚然是一种善行德政，治理好了就是一项显绩，"功德无量"。但治理过程却十分漫长，一时难见成效，需要一点一滴地累积，需要甘于寂寞地付出。对此，长汀人民和长汀历届党委政府做出了自己的选择。"长汀历届领导始终按照省委、省政府部署，把治理水土流失作为'民心工程'、'生存工程'、'发展工程'和'基础工程'，长远规划，埋头苦干，保持了工作的连续性和稳定性。正是凭借换领导不换蓝图，换班子不减干劲，长汀治理水土流失的'接力棒'一棒一棒往下传，才创造了经得起历史检验的成绩，用科学发展诠释了正确的政绩观，用满目青山赢得人民群众的口碑。"① 几十年来，长汀人民和长汀政府部门正是以这种真抓实干的作风，求细求实的方法，深入基层，深入群众，深入水土流失严重的地方，同基层一线的干部群众一道，寻求破解水土流失问题的方法、对策和规律，终于打开了局面。这正如习近平同志当年所说的："在整个历史发展进程，在一个经济落后地区发展进程，都应该不追慕自身的

① 黄如辉：《滴水穿石》，《福建日报》2012 年 2 月 3 日。

显赫，应寻求一点一滴的进取，甘于成为总体成功的铺垫。当每一个工作者都成为这样的'水滴'、这样的牺牲者时，我们何愁于不能造就某种历史的成功契机?!"

最后，艰巨的治理任务需要"咬定青山不放松"的执着精神。水土流失治理工作，唯其艰难，难免挫折。事实也是如此，长汀人民在治理过程中，就曾付出过昂贵的学费，甚至沉重的代价。这一点，从水土流失治理涌现出来的诸多种养大户身上体现得十分明显。以治理水土先进典型马雪梅为例，1999 年，山东姑娘马雪梅嫁到长汀县濯田镇，抱着创业的热情，承包了 400 亩荒山来种板栗。树苗刚种下去，一场小雨把她辛辛苦苦垒起来的平台连同种上去的果树一起冲没了。经过技术人员的及时指导后，果树虽然成功了，但贫瘠的土地还需要不断种草，大量施肥，从根本上改善土质，这个过程所费的时间、人力、金钱远远超出马雪梅的想象。正常的土地四到五年就该有收益了，但马雪梅辛苦了五年，树连挂果的都没有，仅有的 12 万元积蓄已全部投了进去，还借下了 30 万元的债，生活非常艰难。当时，不少和她一样承包的人都放弃了，但性格倔强的马雪梅继续坚持，她说："虽然在当时我没有看到很大的希望，但是我对它投入了太多的感情了，太多的精力、财力，你真的要让我来放弃，我不舍得。我打个比方，就像我生了一个傻瓜孩子一样，你为他投了很多精力下去，别人说你这个孩子长大了没出息，没用，你干脆把他扔掉，你舍得吗？我对这片山是这种感情。"① 正是许多像马雪梅这样的治理水土流失的英雄的这种对土地的执着痴情，这种"咬定青山不放松"的坚定信念，一个又一个山头、一片又一片荒山实现了披绿挂果。

习近平：滴水穿石的启示

滴水穿石的自然景观，我是在插队落户时便耳闻目睹，叹为观止

---

① 中央电视台《新闻调查》：《漫长的较量》，http：//news. cntv. cn/china/20120324/119339. shtml。

的。直至现在，其锲而不舍的情景仍每每浮现在眼前，我从中领略了不少生命和运动的哲理。

坚硬如石，柔情似水——可见石之顽固，水之轻飘。但滴水终究可以穿石，水终究赢得了胜利。

喻之于人，是一种前仆后继、勇于牺牲的人格的完美体现。一滴水，既小且弱，对付顽石，肯定粉身碎骨。它在牺牲的瞬间，虽然未能看见自身的价值和成果，但其价值和成果体现在无数水滴前仆后继的粉身碎骨之中，体现在终于穿石的成功之中。在整个历史发展进程，在一个经济落后地区发展进程，都应该不追慕自身的显赫，应寻求一点一滴的进取，甘于成为总体成功的铺垫。当每一个工作者都成为这样的"水滴"、这样的牺牲者时，我们何愁于不能造就某种历史的成功契机？！

喻之于事，则是以柔克刚、以弱制强的辩证法原理的成功显示。我以为"水滴"敢字当头、义无反顾的精神弥足珍贵。我们正在从事的经济建设工作，必然会面临各种错综复杂的局面，是迎难而上，还是畏难而逃，这就看我们有没有一股唯物主义者的勇气了。战战兢兢，如临深渊，如履薄冰，那就什么也别想做，什么也做不成。但仅有勇气还是不够。一滴滴水对准一块石头，目标一致，矢志不移，日复一日，年复一年地滴下去——这才造就出滴水穿石的神奇！我们的经济建设工作又何尝不是如此。就拿经济比较落后的地区来说，她的发展总要受历史条件、自然环境、地理因素等诸方面的制约，没有什么捷径可走，不可能一夜之间就发生巨变，只能是渐进的，由量变到质变的，滴水穿石般的变化。如果我们一说起改革开放，就想马上会四方来助，八面来风，其结果，只能是多了不切实际的幻想，少了艰苦奋斗的精神；如果我们一谈到经济的发展，就想到盖成高楼大厦，开办巨型工厂，为追求戏剧性的效果而淡漠了必要的基础建设意识，那终究会功者难成，时者易失！

所以我们需要的是立足于实际又胸怀长远目标的实干，而不需要不甘寂寞、好高骛远的空想;我们需要的是一步一个脚印的实干精神,而不需要新官上任只烧三把火希图侥幸成功的投机心理;我们需要的是锲而不舍的韧劲,而不需要"三天打鱼,两天晒网"的散漫。

我推崇滴水穿石的景观,实在是推崇一种前仆后继,甘于为总体成功牺牲的完美人格;推崇一种胸有宏图、扎扎实实、持之以恒、至死不渝的精神。①

长汀水土流失治理,是公共政策与公共治理的一个成功案例。它的成功,是善政与善治接续的产物。善政,主要表现为它是上至中央下至乡镇的领导和政府部门协力推动的结果。善治,主要表现为多种主体在协作破解水土流失治理难题过程中所探索的治理措施以及所形成的治理机制。不论是善政还是善治,其背后,都隐含着"滴水穿石,人一我十"的精神动力。总体上,长汀水土流失治理的经验,是器物层面的治理措施、制度层面的治理机制以及文化层面的治理精神的有机结合。在面对艰巨的治理难题时所积累的这种善政善治经验,对生态治理乃至其他公共事务治理,具有普遍的示范意义。它的可持续发展,同样需要善政与善治的进一步结合。

从另一个角度看,"长汀经验"主要是治理水土流失过程中所积累的"经验",是"问题—回应"式的公共治理成功案例的地方性经验范本。这种范本的最大意义在于,在大规模公共治理问题上,应该也可以发挥社会主义制度"集中力量办大事"的优越性,并在此前提下发挥当地干部的创造性,不断总结升华,使之成为具有大规模公共治理问题方面具有典范意义的经验样板。实际上,近几年,长汀的经验得到不断丰富发展,特别是在水土流失治理处于决胜前夕的关键阶段,借助习近平总书记2011年底2012年初对长汀水土流失治理"不进则退、进则全胜"的批示精神,以及各级各部门对长汀水土流失治理及生态家园建设的机遇,把水土流失

---

① 习近平:《摆脱贫困》,福建人民出版社,1992,第57~59页。

治理"长汀经验"不断推向深入。坚持治山与治水相结合，治理与保护相结合，政府主导与群众主体、社会参与相结合，组织实施水保、水利、林业、扶贫开发、崩岗治理和废弃矿山整治等六大工程措施，引导社会力量积极参与水土流失治理和生态文明建设；创新水保资金管理方式，探索整合各部门资金开展综合治理；创新生态司法工作机制，公开审理新环保法生效后全国首例畜禽养殖水污染环境公益诉讼案，探索建立汀江流域上下游生态补助与环境质量挂钩办法，试行市场化生态补偿模式；实施政府购买服务和第三方治理，加快创建国家级生态县。这些探索与经验，对大规模水土流失治理，甚至大规模的生态治理，都有重要的借鉴价值。

更难能可贵的是，长汀县委县政府近年来按照福建省提出的"机制活、产业优、百姓富、生态美"的施政思路，在不断深化水土流失治理工作的基础上，提出新目标，配套新机制，不失时机地做出建设生态家园的"长汀经验"升级版的战略部署，努力在水土流失治理成功的基础上拓展提升，谋划区域经济社会全面发展、绿色发展的新蓝图，充分体现了在尊重自然和生态规律前提下的绿色理性自觉。

第二章

生态家园的顶层设计：长汀环境建设的规划引领

生态环境是在人类生存家园的意义上来理解和定义的。在现代社会中，大规模的资源开发和人类活动对生态环境造成严重破坏，已经使许多地方的人类生存与发展陷入困境。人类必须学会与自然和谐相处，根据自然生态的秩序和韵律去构建人与生态环境和谐互动的适合于人类生存与发展的生态家园。生态家园的建设是一项系统工程，需要整体协同推进。它不仅是针对环境问题的被动的治理与修复，还是以人与环境的整体和谐为目的的积极主动的构建活动。长汀在水土流失治理的基础上，通过制定科学规划所引领的生态家园建设愿景及其实践，正是这样的一种提升绿色家园内涵的构建活动。

一 从生态环境治理向生态环境建设的转变

如果说水土流失的后果是自然界对人类滥用资源、无度索取的严厉惩罚，那么长汀人所得到的教训是刻骨铭心的。如果说水土治理的成果是人们遵循自然规律所应得的奖赏，那么长汀人从中获得的关于如何处理人与生态环境关系的启示也同样刻骨铭心并令他们长久受益。长汀人在水土治理的过程中逐步认识到，要从根本上改变和优化人的生存环境就必须从土地、水、植被和污染防治等多角度、全方位地推进生态环境体系建设。

（一）生态环境与生态环境建设

生态环境（ecological environment）是"由生态关系组成的环境"的简称，是与人类密切相关的影响人类生活和生产活动的各种自然力量（物质和能量）或作用的总和，是一个关系到社会和经济持续发展的复合生态系统。生态环境并不等同于自然环境，各种天然因素的总体都可以说是自然环境，但这种自然环境只有在与人的关系中作为人的生存环境的系统整体才能称为生态环境。

生态环境建设，是我国提出的旨在保护和建设好生态环境实现可持续发展的战略决策。生态环境是人类生存和发展的基本条件，是经济、社会发展的基础。保护和建设好生态环境，实现可持续发展，是我国现代化建设中必须始终坚持的一项基本方针。生态环境建设需要遵循以下基本原则。

第一，坚持人与自然和谐共生的原则。这是一种生态哲学意义上的生态整体主义的哲学视野。由"人—自然环境"辩证互动关系构成的生态系统具有内在的相互作用和相互依存的整体协同性。必须反对那种把人与自然环境对立起来，把人看作是自然的征服者、主宰者的观念意识，坚持"天人合一"的辩证整体思维，把世界看作一个相互作用、相互转化、大化流行、生生不息的整体，人与自然同属于这个整体，共生共存于这个整体之中。用"自然中的人"取代"统治自然的人"。这种生态哲学的自觉是生态环境建设的思想前提。

第二，坚持可持续发展的原则。可持续发展（sustainable development）是指既满足当代人的需求，又不损害后代人满足需要的能力的发展。换句话说，就是指经济、社会、资源和环境保护协调发展，既要达到发展经济的目的，又要保护好人类赖以生存的大气、水、土地和森林等自然资源和环境，使子孙后代能够永续发展和安居乐业。可持续发展的核心是发展，但要求在严格控制人口、提高人口素质和保护环境、资源永续利用的前提下进行经济和社会的发展。

第三，坚持统筹规划的原则。生态环境建设规划以社会—经济—自然的复合生态系统为规划对象，应用生态学的原理、方法和系统科学的手段，去辨识、设计和模拟人工生态系统内的各种生态关系，确定最佳生态位，并突出人与环境协调的优化方案的规划。生态环境建设规划的基本特征包括：（1）综合性：即规划对象是某一区域内所有的生态环境要素、社会经济要素、技术要素综合作用而形成的生态经济地域综合体，在重视区域经济发展的前提下，综合考虑生态—经济—社会复合系统的结构优化和强化功能。（2）协调性：在规划中必须使区域的经济、社会和生态效益始终相协调，注重整体性，并使宏观层面的建设与微观层面的建设有机结合。（3）前瞻性：生态规划应是一个高度前置性的生态战略思想，需要立足现实，正视问题，着眼长远，科学谋划，既不囿于短期行为，也不失之于"高远"空疏，而是在现有基础上按照经济社会发展的程度，科学谋划，稳步推进。（4）地域性：由于不同的自然、经济条件和社会基础，规划中的战略布局、发展方向、规划重点和建设步骤都要有鲜明的地域性。（5）实用性：生态规划作为区域规划的重要组成部分，应当成为区域决策部门的宏观决策依据，因此就必须有重要的实用价值和可操作性。

第四，坚持保护与开发并重原则。一是坚持"预防为主，保护优先"。"预防为主，保护优先"，体现的是积极主动的保护思想，就是以最低的代价，达到最佳的保护效果，避免走先破坏—后治理的老路。"预防为主，保护优先"，不是一切都不要开发，保持原始的自然状态，关键是要把握好保护与开发的度，也就是《全国生态环境保护纲要》提出的：对重要生态功能保护区实施抢救性保护，对重点资源开发区实施强制性保护，对生态良好地区实行积极性保护。二是坚持生态保护与生态建设并举。目前，一些地区一边退耕还林还草，一边毁林毁草开荒占地；一边退田还湖，一边围垦湿地；一边划建自然保护区，申报自然遗产，一边进行无序的旅游开发，不仅加大了国家生态建设的任务和压力，而且也无法巩固生态建设成果，难以从根本上遏制生态恶化的趋势。实现生态环境状况的好转，只有坚持生态保护与生态建设并举的原则，把自然恢复与人工修复相结合，才能有效地防患于未然，巩固已有的生态建设成果。要坚持绿色发展，在调结构、转方式上下功夫、求突破。加快经济结构战略性调整，既能为环境减负，又能为生态增值。

（二）长汀生态环境建设的新思路

生态环境建设是建立在生态环境治理的基础上的。没有一定的治理基础，也就是如果生态环境被破坏的状况没有得到扭转和改善，那么再好的建设蓝本也是虚空的。在这一点上，长汀是"幸运的"。就在水土流失治理取得重大进展之际，长汀抓住一个难得的契机，让生态文明建设提到了更高的层次：实现从治理到建设的转型。在 2012 年元旦前后习近平两次对长汀水土流失治理工作做出重要批示之后，长汀抓住这一难得机遇，围绕建设全国生态文明建设示范县的目标，提出促进长汀从水土流失治理向生态家园建设、探索"长汀经验"升级版的战略目标转变，大胆探索、先行先试、锲而不舍、持之以恒，扎实做好生态环境的恢复、生态资源的保护、生态优势的利用、生态经济的发展等各个方面的工作，建立一个符合长汀发展实际的生态环境体系，在更高起点上把长汀建设成资源节约型和环境友好型的生态省建设示范县。根据人与自然和谐共生的理念，按照生态环境体系建设的基本原则，长汀县高起点、高标准编制县、乡、村水土保持综合规划，完成长汀生态文明示范县建设规划、水土流失治理综合规划及专项规划、水土保持生态建设规划、林业生态建设规划、三洲生态文明示范区建设规划等五个生态文明建设规划，按照规划要求，推进水土流失治理和生态文明建设。

一是科学规划土地开发空间。按照人口资源环境相均衡、经济社会生态效益相统一的原则，整体谋划、科学布局生产空间、生活空间、生态空间，加快实施主体功能区战略，严格按照优化开发、重点开发、限制开发、禁止开发的主体功能定位，划定并严守生态红线，构建科学合理的城镇化推进格局、农业发展格局、生态安全格局，提高生态服务功能。

二是实施重大生态修复工程。首先制定了水土流失治理新的目标，加大对水土流失治理模式、科技、机制、管理的创新，提升生态经济效益，力争再用六年时间，在 2018 年前后基本解决传统的水土流失治理问题，创建一个中国特色水土流失区治理新模式，成为全国水土流失治理的工作样板。其次，以解决损害群众健康突出环境问题为重点，坚持预防为主、综合治理，强化水、大气、土壤等污染防治，着力推进汀江流域和区域水污染防治，着力推进重点行业和重点区域大气污染治理。节约集约利用资源，推动资源利用方式根本转变，加强全过程节约管理，大幅降低能源、水、土地消耗强度，发展循环经济，促进生产、流通、消费过程的减量化，资源再利用化，经济发展的"低碳化"。

三是谋划生态家园建设新战略。按照生态示范县建设的标准，将水土流失综合治理、整体生态保护、改善人民生活三者紧密结合起来，坚持生态治理与发展经济并重、环境保护与改善民生并行，走水土保持促进经济发展，经济发展支撑生态保护的可持续发展道路，在更高起点上推进新一轮水土流失综合治理和生态家园建设工作，向由"绿"变"富"、由"绿"变"美"、由"绿"变"生态文明"的更高目标迈进。

四是强化生态环境法治建设。完善经济社会发展考核评价体系，把资源消耗、环境损害、生态效益等体现生态文明建设状况的指标纳入经济社会发展评价体系，使之成为推进生态文明建设的重要导向和约束。建立责任追究制度，对那些不顾生态环境盲目决策、造成严重后果的责任人追究责任。加强生态文明宣传教育，增强全民节约意识、环保意识、生态意识，营造爱护生态环境的良好风气。

按照以上工作思路，长汀从科学发展的高度出发，运用区域化治理、园区化运作、项目化推动的理念，对生态环境体系建设进行了精心的规划布局：对 30 多万亩未治理流失区和 117.8 万亩已经治理区域生态恢复、生态修复的规划设计；开展县域内所有生态资源的巩固保护和优先开发的规划设计；做好水土保持科教园、水土保持宣教馆、生态工业园区的规划建设，以科学的规划引领新一轮的水土流失治理和生态家园建设。

二 规划引领生态环境建设

实现从生态问题典型县向生态建设先进县的转型，是长汀水土流失治理过程中逐步萌生并随着国家关于生态文明建设和福建省关于生态省建设的决策部署而日渐深化的战略选择。2012 年元旦前后习近平同志的两次重要批示，以及福建省委省政府再次做出的加大对长汀水土流失治理工作扶持力度的决定（扶持资金由每年 1000 万元提高到每年 2000 万元），促使长汀抓住这一难得机遇，围绕建设全国生态文明和林业建设示范县的目标，提出继续大胆探索、先行先试、锲而不舍、持之以恒，扎实做好生态环境的恢复、生态资源的保护、生态优势的利用、生态经济的发展等各个方面的工作，努力建立一个符合长汀发展实际的生态环境体系，在更高起点上把长汀建设成资源节约型和环境友好型的生态省建设示范县。围绕这一目标任务，在中央、省直相关部门和高校的支持帮助下，长汀相继出台一系列规划，有力推动生态环境建设持续健康发展。

（一）长汀生态文明示范县建设规划

2011 年 12 月，长汀县编制出台《长汀生态县建设规划纲要（2011—2020）》。在此基础上，2013 年长汀县委托中国林业科学研究院、国家林业局城市森林研究中心和福建农林大学编制长汀生态文明示范县建设规划。

《长汀生态文明示范县建设规划（2013—2025）》以长汀建设生态文明示范县为目标，在分析长汀自然条件、生态环境、建设潜力的基础上，明确提出长汀生态文明建设的指导思想、总体目标、发展指标、分区布局、重点工程和保障措施，以 2012 年为基期、2013 ~ 2017 年为创建期、2018 ~ 2025 年为提升期，分阶段实施建设。其重点是围绕主体功能区建设、保护和修复生态环境、经济发展方式根本转变、优化产业结构和布局、推动生产方式变革、引导形成绿色低碳消费模式等十个方面开展试点工作，力争通过几年的努力达到经济发展的质量和效益显著提升，生态文化推广体系全面覆盖，生态补偿机制全面建设，生态文明体制机制比较完善的总体目标，为全国其他同类地区积累经验，提供示范。

第一，建设理念。在建设理念上，提出"海西锦绣地，百里汀江画，富美新长汀"的愿景。海西锦绣地，突出长汀在海峡西岸发展中的区位特点和环境优势。百里汀江画，突出长汀以汀江景观和文化为特色的主导品牌。富美新长汀，明确长汀未来建设富裕、美丽生态文明家园的目标。

第二，总体布局。规划根据长汀县的自然环境、城镇化格局、产业发展优势、生态与历史文化特点等，衔接长汀县城市规划、汀江生态走廊建设总体规划和长汀县"十二五"规划等相关规划，长汀县生态文明示范区建设的总体布局为"二轴二带二中心，五区十镇百乡村"。

长汀生态文明示范区建设的总体布局

"二轴"：是指以汀江及其沿岸城镇构成的河流景观发展轴和以龙长高速及其沿线城镇构成的道路城镇景观发展轴。

"二带"：是指汀江两岸的两个生态屏障带：一是汀江沿岸的丘陵岗地水土流失治理恢复带，重点是林草、林果、林药等多种模式相结合，恢复森林植被，治理水土流失；二是外侧山地森林景观保育带，重点是保护森林资源，提高森林资源质量，强化涵养水源功能。

"二中心"：是指长汀的主城区（由汀州镇向大同镇和策武镇扩展形成的主城区）和产业比较集中的河田镇，构成长汀生态人居和经济发展的两大核心，也是带动整个县域经济发展、城镇化进程的动力源。

"五区"：是指以汀州、大同纺织服装、机械制造和电子为主的龙岩高新技术产业开发区长汀产业园区；以河田、三洲农副产品加工为主的晋江（长汀）工业园区；以策武稀土及其加工为主的福建（龙岩）稀土工业园区；以庵杰、新桥生态休闲体验为主的汀江源旅游生态休闲区；以濯田为代表的特色农业种植为主的汀江沿岸生态农业示范区等 5 个支柱产业园区，这是实现县域经济腾飞的旗舰动力。

十镇：是指馆前、四都、涂坊、铁长、红山、古城、羊牯、宣成、童坊、南山等 10 个乡镇，这是带动乡村经济发展和环境建设的中心镇，也是村镇生态文明建设的重点。

百乡村：是指长汀县主城区以外的广大乡村生态文明建设，包括 290 个村委会。

第三，基本原则。为实现上述目标和理念，规划提出六项建设原则：一是坚持保护与治理相结合，建设优美生态环境；二是坚持提升与培育相结合，构建优化产业新格局；三是坚持倾斜与平衡相结合，实现城乡共同繁荣；四是坚持发展与富民相结合，提高居民经济收入；五是坚持自然与人文相结合，丰富生态文化载体；六是坚持继承与创新相结合，健全生态文明制度。

2014 年 6 月《长汀生态文明示范县建设规划（2013—2025）》通过了由国家环保部组织的专家组的评审。当年 12 月 15 日，国家发展改革委、国家林业局印发《关于在西部地区开展生态文明示范工程试点的通知》，长汀县被列为试点县。生态文明示范县建设规划的通过，特别是国家层面生态文明示范工程试点县地位的确立，标志着长汀实现从生态治理到生态建设的转型，成为长汀生态文明建设与生态家园建设的新起点。

（二）汀江生态经济走廊建设规划

为贯彻落实习近平"进则全胜，不进则退"批示精神，着眼于生态长汀建设、打造长汀经验升级版，2013 年，长汀做出了建设汀江生态走廊的决策部署。汀江生态经济走廊建设规划区域涵盖汀江自庵杰至羊牯总长 150 多公里，涉及铁长、庵杰、新桥、大同、汀州、策武、河田、南山、涂坊、三洲、濯田、宣成、羊牯等 13 个乡镇，面积近 2000 平方公里。

第一，规划意义。规划立足长汀自身发展基础和生态优势，依托汀江客家母亲河，以汀江为主线，以"一江两岸"为纽带，按照主体功能区划要求，挖掘长汀历史文化、客家文化、红色文化和生态文化底蕴，科学布局，合理规划，加快产业结构的转型升级，促进长汀生产、生活方式和消费观念的转变，为人民群众创造优美、干净、舒适的宜居环境，有效提升人民的生活质量和生活水平，为后世子孙留住青山、绿水和蓝天，着力实现"百姓富、生态美"的有机统一。

第二，指导思想。以长汀生态文明示范县建设规划（2013~2015）为依据，按照尊重自然、综合协调、因地制宜、同步推进的原则，以党的十八大精神和习近平总书记关于长汀水土流失治理两次重要批示精神及《关于支持福建省深入实施生态省战略加快生态文明先行示范区建设的若干意见》《关于赣闽粤原中央苏区振兴发展规划的批复》为指导，以创建全国生态文明示范县为抓手，把生态文明建设放在更加突出的地位，坚持生态保护与发展并举，以汀江河流屏障建设、统筹城乡发展为主题，加强基础设施、生态文化、生态旅游建设，实现规划区生态保护与发展的目标。力争把长汀建设成为"宜居、宜业、宜游、宜商"的生产发展、生活富裕、生态良好的全国生态文明建设示范县。

第三，规划内容。按照汀江生态经济走廊建设规划，沿汀江自上而下将打造六大功能板块，即自然保护与生态休闲观光区（庵杰至新桥段），生态宜居城市与历史文化名城保护区（大同至汀州段），稀土工业与工贸发展区（策武段），省级小城镇综合改革试点区（河田段），水土保持与生态文明示范区（三洲段），生态保护、生态种植与现代农业示范区（濯田至羊牯段）（如图2-1所示）。

汀江生态经济走廊规划示意图

自然保护与生态休闲观光区——庵杰至新桥段。建设"生态人居"特色人居环境，打造长汀城市后花园，辐射带动铁长、馆前、童坊等乡镇的发展。

生态宜居城市与历史文化名城保护区——大同至汀州段。提质扩

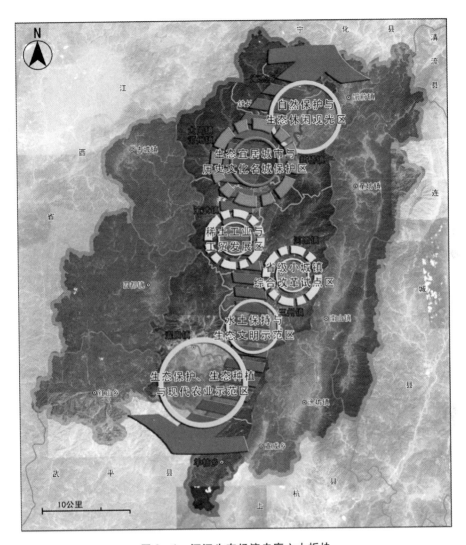

图 2-1　汀江生态经济走廊六大板块

容，北拓建设大同北部新区，完善腾飞经济开发区配套功能，拓展城区范围，承接老城区功能转移；老城区建设国家历史文化名城，古城风韵人居。

稀土工业与工贸发展区——策武段。在策武镇境内，结合福建（龙岩）稀土工业园、工业新区、火车南站附近，规划建设中等规模的居住小区，配套服务工业区、火车南站建设，开展河道景观生态改造，体现生态环保理念，建设智慧人居环境。

省级小城镇综合改革试点区——河田段。结合省级小城镇综合改革试点建设和长汀副城区的功能定位，打造宜居、宜业、宜商、宜游的工业、商贸、旅游重镇，长汀副城区，辐射带动南山、涂坊等乡镇的发展。

水土保持与生态文明示范区——三洲段。将河田至三洲生态景观示范公路沿线区域规划为"一带、六区、两园"，建成长汀副城区的后花园。

生态保护、生态种植与现代农业示范区——濯田至羊牯段。立足生态良好、地广林丰的资源优势，着力打造具有特色的现代高优农业和生态农业种植基地，推动传统农业向生态农业、特色农业、现代农业转变，辐射带动四都、红山、古城南岩片区的发展。

（三）长汀县水土保持"十三五"规划

长汀县作为全国闻名的南方红壤侵蚀区治理的品牌和典范，水土保持工作如何助力生态文明建设，发挥示范典范作用，如何与开发建设协调，如何与人居环境协调，如何与民生协调，如何与新农村建设协调，与广大人民群众对良好生态环境质量要求相适应，水土资源如何能得到永续利用和保护，成为新时期水土保持的新课题，亟须在全县经济社会发展层面制定水土保持规划，为实现小康社会和生态文明建设提供支撑和保障。为此，2016年长汀县委托福建农林大学编制完成《长汀县水土保持"十三五"规划》。

第一，原则要求。规划遵循"以人为本、人与自然和谐相处，整体部署、统筹兼顾，分区防治、合理布局，突出重点、分步实施，制度创新、加强监管，科技支撑、注重效益"的基本原则，确定了今后五年长汀县水土流失防治的发展思路和目标任务，并在编制中贯彻水土保持法的相关规定；充分体现生态文明建设对水土保持的新要求；注重水土保持实践的新成果、新经验、新技术手段的应用；以经济社会发展需求为导向，统筹兼顾，解决面临的突出问题，达到水土流失治理与社会经济发展相协调。

第二，规划目标。围绕生态文明建设和水土保持新要求，规划提出，通过新一轮水土流失综合治理，到 2020 年，基本建成与长汀经济社会发展相适应的水土流失综合防治体系，基本实现预防保护，重点防治地区的水土流失得到治理，农业生产条件和生态环境明显改善，把长汀县建设成为一个"百姓富、生态美"的绿水青山，经济和社会可持续发展的县。力争到 2020 年底，全县水土流失面积控制在 27.88 万亩以下，水土流失率在 6% 以下，水土流失治理水平达到国内领先，国际先进。

第三，总体方案。规划根据长汀县水土流失现状和社会经济发展要求，综合分析水土流失防治的现状和趋势、水土保持功能的维护和提高需求，从四个方面提出长汀县水土保持总体方案。

一是预防：保护林草植被和治理成果，强化生产建设活动和项目水土保持管理，实施封育保护，促进自然修复，全面预防水土流失。重点突出重要水源地、重点江河源头区、水蚀坡面水土流失预防。

二是治理：在水土流失区，开展以小流域为单元的山、水、田、林、路综合治理，加强坡耕地、侵蚀沟及崩岗的综合整治。重点突出汀中相对严重地区，坡耕地相对集中区域，以及侵蚀相对密集区域的水土流失治理。

三是监管：健全综合监管体系，创新体制机制，强化水土保持动态监测与预警，提高信息化水平，完善水土保持社会服务体系。

四是科技支撑：开展水土保持生态建设过程中重点的科学问题和关键技术研究，在原有长汀模式基础上引进新技术、新材料、新方法进行组装配套建设示范区，完善基础平台建设和水保科教园升级建设。

第四，治理体制。在创新体制机制，推进公众参与方面，规划提出，把水土保持建设的主要任务与目标纳入干部考核评价体系之中，逐步建立和完善地方各级人民政府水土保持目标责任制和考核奖惩制度。健全水土流失监测评估体系，为依法落实政府水土保持目标责任制和考核奖惩提供有力支撑。在水土流失地区，鼓励社会力量通过承包、租赁、股份合作等多种形式参与水土保持工程建设。培育和完善水土保持社会化服务体系，大力推动政府购买服务。与第三方合作，成立专业水土保持公司，推进长汀县水土保持生态文明工程建设，调动群众和社会力量参与水土保持的积极性和主动性。

第五，治理理念。在创新治理理念、推进产业融合方面，规划提出，水土流失治理必须与治贫挂钩，创新治理理念，把民生问题、农民增收贯穿水土保持工作全过程，标本兼治。把扶贫投资重点放在水土保持产业化的项目上，将水土保持与农村经济结构调整和地方特色产业相结合，形成地方经济发展与水土保持相互协调共生互利的链条，加强产业融合，发展林下种养、食品工业和乡村发展等非农、非"土"农业，转移富余农村劳动力，减轻土地压力，切实转变生产方式，积极改善生活方式，促进生态治理与经济发展耦合互动，以求水土保持与经济同步发展。

（四）长汀县林业生态建设规划（2012～2015 年）

2012 年 1 月 19 日，福建省委办公厅、福建省人民政府办公厅联合下达《关于贯彻落实习近平同志重要批示精神加快推进全省水土保持工作的通知》。福建省林业厅及时传达批示及通知精神，强调将通过人力、资金等多方面的支持和帮扶，并委派厅有关处室和规划院专业技术骨干赶赴长汀，与长汀有关部门共同谋划编制《长汀县林业生态建设规划（2012—2015）》，持续支持推进长汀县新一轮水土流失治理工作。

该规划提出，高起点推进长汀县新一轮水土流失治理和林业生态建设，全面建设林业生态安全体系、林业生态产业体系、林业生态文化体系、林业生态人居体系和林业支撑保障体系，打造南方红壤重点水土流失区林业生态治理新模式。在建设目标上，向由"绿"变"富"、由"绿"变"美"、由"绿"变"生态文明"的更高目标迈进；在建设举措上，由减少水土流失面积向防止地质灾害和提升人居环境质量并重推进，提高民生质量；在建设战略上，由生态治理工程向民生工程、造福工程推进，大力发展高效林业资源培育、生态林果和林下经济产业，延伸生态旅游产业链，实现生态经济良性发展，把长汀建设成为山清水秀、环境优美、人民富裕、经济社会可持续发展的生态县，建设成为"全国生态文明建设和现代林业建设示范县"。

长汀林业生态格局规划

规划立足长汀县不同区域的自然条件、社会经济概况、水土流失程度、林业发展及生态建设现状，遵循优化布局、强化功能、突出重点、分区施策的原则，构筑以"一园、一环、两带、四区、多斑块"为主体的林业生态格局。

"一园"：河田露湖科技示范园。

"一环"：环城森林景观工程。

"两带"：一是厦蓉高速公路（长汀段）森林景观带，二是汀江主干流两岸森林景观带。

"四区"：重点生态治理区、生态治理修复区、生态治理保育区和生态治理示范区。

"多斑块"：在四大功能区总体布局基础上，打造多处高规格、富有地方特色的森林景观点或生态示范片。

规划明确要结合总体布局安排，建立和完善林业生态安全、林业生态产业、林业生态文化、林业生态人居、林业支撑保障等五大体系，重点建设营造林、森林质量提升、森林防灾减灾、生物多样性保护、森林资源培育、森林文化及生态文明建设、"一环两带"示范建设、人居环境建设、林业支撑与保障等九大工程。同时，结合不同区域水土流失程度及林业生态建设现状，按照"治理、巩固、提升、示范"的新一轮水土流失综合治理工作要求，将全县划分为重点生态治理、生态治理修复、生态治理保育和生态治理示范四大功能区。

第一，重点生态治理区。以生态安全优先的原则，大力实施重点水土流失区营造林工程，特殊地段可采取林、灌、草搭配，生物措施和工程措施相结合，加速植被恢复；加大以马尾松为优势树种的林分树种结构调整力度，对已治理水土流失区中的中幼林和稀疏林分实施以中幼林抚育、低质低效林改造为主要内容的森林抚育，优化林分结构，提高林分质量，努力培育抵御自然灾害能力强的混交、异龄、复层近自然林分；巩固现有水土流失治理成果，切实提高生态公益林的管护保育水平；对立地条件较差的经济林地实施沃土工程，改良土壤性状，增加土壤肥力，打造名特优生态经济林示范基地；大力实施森林防灾减灾和生物多样性保护工程，加强森林防火综合治理、林业有害生物防治等基础设施及生物防火林带建设，建立健全区域森林生态安全监测体系；适当发展林下经济，在水土流失区生态公益林中套种珍贵树种、药材、木本油料树种等，促进林禽、林菌、林药等林下经济发展示范基地建设；加强基层林业工作站、森林派出所等基础设施建设；结合区域旅游资源优势，培育和完善河田国家级义务植树示范基地、三洲万亩杨梅"森林人家"、策武南坑银杏生态治理观光园等生态旅游精品项目。

第二，生态治理修复区。坚持预防和修复为主，对郁闭度 0.2 ~ 0.5 的有林地实行全面封育，提高生态公益林的管护保育水平，防止形成新的水土流失，加强水库集水区范围的森林生态保育工作；大力实施营造林和森林质量提升工程，加快矿山采矿区的植被恢复，加大北部树种结构调整力度，重点对厦蓉高速两侧的马尾松纯林进行改造，形成复层、季相多变、景观独特的森林通道；大力发展林业生态产业，加强中幼林抚育和低产低效林改造，通过集约化、规模化经营，建设以速生丰产用材林为主，以丰产油茶林、丰产竹林、生物质能源林建设为辅的重点商品材基地。

第三，生态治理保育区。坚持保育和提升为主，对区内郁闭度 0.2 ~ 0.6 的有林地实施封山育林，重要生态区位林地全面封禁，省级生态公益林全部升格为国家级生态公益林，切实提高生态公益林的管护保育水平；加大生物多样性保护力度，做好圭龙山省级保护区的升级工作，加强自然保护小区建设，完善森林生态安全监测体系，全面提高汀江流域森林生态服务功能；重点建设丰产毛竹林基地及油茶、无患子等名特优经济林基地；加强林区道路、基层林业工作站等基础设施建设；合理开发生态旅游资源，打造圭龙山国家级自然保护区、百里生态画廊、汀江源龙门景区等精品旅游线路。

第四，生态治理示范区。进一步巩固现有治理成果，充分发挥林业在水土流失治理和生态建设中的重要作用，创建南方红壤重点水土流失区林业生态治理新模式；全面实施营造林和森林质量提升工程，对区域内所有的林地实施全面封禁，禁止采伐；加大马尾松纯林尤其是重要生态区位的树种结构调整力度，加强中幼林抚育、稀疏林分补植和低质低效林改造力度；大力实施森林防灾减灾工程，强化生物防火林带和"三防"建设；对立地条件较差的林地实施沃土工程；积极发展以杨梅、板栗、油茶、无患子、互叶白千层等为主的名特优经济林及生物质能源林示范基地，打造不同林业发展模式的生态示范片；结合河田露湖、蔡坊两个生态文明示范村建设，打造河田露湖林业科技示范园，建设生态人居新农村，培育闽西生态休闲旅游和生态经济发展示范区。

（五）长汀汀江国家湿地公园规划

2012年7月，长汀提出以客家母亲河——汀江保护、恢复为主题，建设"汀江国家湿地公园"的构想，旨在保护湿地公园湿地资源、景观资源基础上，通过规划期建设，将湿地公园建成集"客家母亲河—汀江生态修复典范"、"南方丘陵水土流失地区生态建设新模式"、中亚热带典型河流湿地保护、汀江特有鱼种保护恢复地于一体，生态环境恢复良好，物种多样性丰富，公园形象突出，景观特色鲜明、基础设施完备、湿地风景优美的国家湿地公园。2013年11月，福建省林业调查规划院帮助制定出台《福建省长汀汀江国家湿地公园规划》。

长汀汀江国家湿地公园位于长汀县中南部，范围涉及河田镇、三洲镇和濯田镇3个乡镇12个行政村。公园东至三洲镇桐坝村南山河，西以汀江三洲、河田、濯田河段为界，南抵汀江与濯田河交汇处，北达汀江与罗地河交汇处。公园总面积 590.9 平方公里。

主要建设内容：

——保护与恢复。包括水系水质保护、水岸保护、栖息地（生境）保护与恢复、水体修复。具体包括：汀江及其支流南山河河岸保护、汀江河流及上洋山地进行植被恢复、汀江及其支流南山河沿岸采砂场（点）治理、河岸河道修复、水体生态链修复。

——科普宣教。通过湿地宣教中心等场馆及室外设施，开展科普宣教活动，展示湿地、森林及长汀水土流失生态治理成果，增强公众的生态意识。

——科研监测。加强湿地公园科学研究和科研监测。建立湿地公园科研监测中心，培养和引进专业人才，建立合理的科研管理体制；设立水文水质监测点、鸟类观测台，开展湿地科研监测工作。

——合理利用。合理利用湿地公园的景观资源，在宣教展示区、合理利用区开展生态旅游。

——制定湿地公园防御灾害规划、区域协调与社区规划、保护管理基础能力建设规划、基础工程规划。

2013 年 2 月编制《福建长汀汀江国家湿地公园总体规划》，并进行申请建立国家湿地公园工作；2013 年 3 月、12 月分别通过省林业厅、国家林业局组织的专家评审。该公园是 2013 年福建省唯一一个上报并通过国家林业局评审的湿地公园；2013 年 12 月 31 日，经国家林业局批准，长汀汀江国家湿地公园获批开展试点工作，成为福建省第一个以河流湿地为主体的湿地公园，省内第四个、龙岩市首个国家湿地公园。

长汀生态环境建设的典范——汀江国家湿地公园

在长汀当年水土流失的一个重灾区，从 20 世纪 80 年代的一座荒山秃岭，到 21 世纪前十年的青山绿水，再到如今的一片绿洲湿地公园——汀州国家湿地公园，它的前世今生，见证了长汀水土流失治

图 2-2 汀江湿地公园的"前世今生"：1988 年与 2014 年对比图

理、生态环境建设的嬗变之路。

　　汀江国家湿地公园规划总面积 590.9 公顷，其中湿地面积 466.8 公顷，占公园总面积的 79%。公园以客家母亲河"汀江保护"为主题，展示长汀水土流失治理和生态文明建设成果，规划打造集"汀江生态修复典范"、"水土流失地区生态建设新模式"、中亚热带典型河流湿地保护、汀江特有鱼种保护恢复地于一体，生态环境恢复良好、物种多样性丰富、公园形象突出、景观特色鲜明、基础设施完备、湿地风景优美的国家湿地公园。

　　2012 年 7 月，三洲湿地生态公园拉开建设大幕。在国家林业局湿地办的指导下，三洲湿地公园扩大面积，提升为汀江国家湿地公园。

2013 年 5 月开始湿地公园建设，将分为近、中、远三个阶段 8 年建设期，估算投资额达 8300 万元。

湿地建成后，吸引了许多野生动物在这里安营扎寨，到处可见候鸟飞禽。汀江国家湿地公园以其独特的生态美成为市民休闲赏景的好去处。波光粼粼的湖面，岸边苇枝丛生，鲜花竞放。沿电瓶车道一路前行，小径两旁绿树成荫，水面上新建成的观赏栈道蜿蜒曲折，远处荷花含苞待放，美不胜收。

湿地公园按照春、夏、秋、冬四季打造景观，分别种植了山樱花、紫薇、银杏、荷花等，让公园内四季均有美景。为防止水土流失，在汀江国家湿地公园核心区周边山场已种植了数以万计的植物，其中种植了大量耐贫瘠的杨梅树。

湿地公园周边山上如今是一片片绿油油的杨梅林。三洲镇的杨梅个大味甜，每到杨梅成熟季节，就吸引不少游客前来采摘。杨梅采摘节已在当地连续举办七届，杨梅的种植有利于水土保持，同时带动了生态旅游以及第三产业的发展，给群众带来了实在的收入。仅 2013 年杨梅采摘节，就有 7 万多名游客，创收 9000 多万元。

三洲段水土保持与生态文明示范区将通过河田至三洲公路花园、国家级湿地公园、现代农业示范区、休闲观光农业、新村建设、汀江拦水闸坝与生态护岸等项目实施，建设以湿地公园和美丽乡镇为核心、面积达 22 平方公里的水土保持与生态文明示范区，包括生态观测、科学实验和科技治理的水土流失治理实验区，湿地公园、生物高科技园区和生态论坛的绿色经济实验区，美丽乡村、生态古镇、水上乐园的生态家园实验区等 3 个凸显"绿色经济·生态家园"功能区，打造水土流失治理和生态文明建设的新典范、新样板。

三 长汀生态环境建设的实践与思考

长汀坚持治理保护与科学开发相协调，根据不同的生态资源状况将县域生态划分为"治理核心区、重点保护区、优先开发区"等三个区域，并根据不同区域，采取不同的治理、保护、提升措施，最终实现治理、保护、提升同步并进，同步见效。2012～2016 年投资 176.3131 亿元，实施 55 个治理、保护、提升项目。

（一）提升生态保护水平

按照治理核心区、重点保护区以及次生灾害区，分层施策，有针对性地提升生态保护水平。

治理核心区的生态恢复。将"治理核心区"内的 48 万亩未治理水土流失区、原来已经开展初步治理但还未取得治理效果的区域，以及因自然等因素造成植被生态破坏的区域，采取流域与网格化治理并重、梯度治理等不同治理模式，实施"生态恢复"工程。对立地条件较好的区域，一步到位，采取针阔林混交种植等模式进行治理；对坡度较陡、水肥条件较差等立地条件恶劣的区域，采取以草灌先行，重建植被，采用使植被成长实现从低端向高端逐步演替的"反弹琵琶"等模式逐步进行治理。同时，为达到整体治理效果，彻底改善生态环境，将汀江流域治理、空气污染治理、生活环境治理等纳入水土流失治理的范围。治山、治水、治空气、治环境同步进行，通过立体式治理，全面改善全县的生态环境。

重点保护区的生态恢复。对"重点保护区"内的 117.8 万亩已经治理或初步治理取得成效的区域和县域内林分结构比较单一、生态功能比较脆弱、容易造成生态破坏的区域，在采取传统封禁保护等有效办法的同时，通过树种替换、加强监管、限制开发等办法，实施技术创新、制度保障、区域保护"三个层面"的"生态修复"。并对全县的生态资源采取全面封山育林、禁止打枝割草、禁止乱砍滥伐、严禁未经审批毁林开矿、严禁乱建坟墓、严禁未经审批野外用火等有效措施，进行整体保护。对生产性项目的上马，要求做到不破坏生态环境，不造成新的水土流失，坚决不以牺牲生态环境为代价来发展生产、发展产业。

环境次生灾害的防范。坚持一手抓森林资源培育，一手抓森林资源保护，最大限度地减少森林资源消耗，使青山常在、绿水长流。在林地保护和管理方面，加大打击非法征占用林地行为的力度，提前介入、主动服务重点工程项目建设征占用林地的报批。强化巡山管护，"封、管、造"结合，增强210万亩封山育林区的生态功能，继续禁止炼山造林，暂停采伐天然阔叶树。加强森林防火工作，不断提升森林火灾防范的综合能力，做到年度森林火灾发生率、受害率控制在省定指标以内。加强森林病虫害防治，特别是加大松毛虫的防治和松材线虫病传入的防范力度。强化林业综合执法，持续开展专项打击整治行动，严厉打击盗伐滥伐林木等非法破坏森林资源的行为。在实施生态建设项目方面，凝聚全力推进三洲湿地公园、中石油万亩水保生态示范林二期工程等生态建设重点项目，完成水土流失重点片区挂牌督办治理任务，推进圭龙山省级自然保护区晋升汀江源国家级自然保护区工作。

（二）提升环境污染治理水平

垃圾污水治理是长汀生态环境体系建设的重要一环。近年来，长汀按照"因地制宜、因陋就简、全民参与、就地消化"的思路，初步形成具有山区特色的处理模式，取得明显成效。

垃圾处理设施建设。长汀县人口多，土地面积为福建省第五大县，辖18个乡镇299个村/居。年收集处理垃圾约为18.8万吨。在全年垃圾总量中，生活性垃圾约有14万吨，占74%；生产性垃圾约有3.35万吨，约占18%。因地域广阔、运输距离长和缺少大型垃圾、污水处理设施，长汀的垃圾污水处理主要以乡镇为单位进行。近年来，各乡镇相继建成一批污水处理设施，完成污水管网近30公里，完成投资约5450万元。其中：三洲镇三洲村建成日处理450吨的二级生化处理设施一座，配套污水收集管网约11.5公里，共完成投资约1350万元。庵杰乡庵杰村建成日处理110吨一体化生活污水设施1座，在涵前村建成日处理150吨景观氧化塘两座，配套污水收集管网约2公里。新桥镇牛岗、余陂、江坊等3个村庄建成了一体化设施及微动力地埋式一体化设施，在叶屋村、茜陂村建成了日处理

150 吨人工湿地一座，集镇建成日处理 350 吨人工湿地一座，配套污水收集管网约 9 公里。南山镇中复村建成日处理 450 吨二级生化处理设施一座，在廖坊、连屋岗等 9 个村庄各建成一个人工湿地，配套污水收集管网约 11 公里。策武污水处理厂一期工程完成管网铺设 15 公里投入运行；河田污水处理厂管网工程，完成管网铺设约 3 公里，厂区土建部分基本完成。垃圾处理设施的建设和使用，改变了长汀乡村旧有的生活习惯，有效地改善了长汀人居环境的面貌。

农村家园清洁行动。全县 17 个乡镇全面完成省里下达的"家园清洁行动"任务并通过验收。其中，89 个试点村已投资 223.41 万元，设置了 264 个垃圾收集池，配备手推车 139 部。同时加强农村治理队伍建设，全县有 290 个行政村按要求配备了 578 名专职保洁员，保洁经费按市奖励、县补助和乡镇、村自筹各三分之一的比例筹集。2014 年市、县两级共安排 419.2 万元行政村专职保洁员以奖代补资金，其中：市级安排补助资金 209.6 万元（农村专职保洁员补助资金 191.6 万元，垃圾清运车购置补助资金 18 万元），县级补助资金按市级补助资金比例配套 209.6 万元。全县已建设焖烧炉 14 处，简易填埋场 37 处，配备机动车（含电动车）200 部。长汀的农村家园清洁行动已成为一种常态化的自觉行为。

开展"六清六美"城乡环境综合整治。2014 年以来全县 83 个重点整治村共投入资金 9325 万元，新建生活垃圾收集池或转运点 863 个，购买垃圾桶（箱）300 只，购买手推及动力垃圾收集车 234 部等；清理河道及沟渠 272 公里；新增保洁员 213 人。采用"村收集、镇处理"或"村收集、镇转运、县处理"的模式，提高生活垃圾处理率。同时狠抓农村环境卫生治理，将农村垃圾处理、污水治理与改厕、改厨、改圈、改水、改路灯工作结合起来，提高农村污水处理率，使农村脏、乱、差的状况得到了极大的改善，为全县发展乡村旅游事业奠定了坚实的基础。

建立污染治理保障机制。在农村垃圾污水治理过程中，各乡镇积极探索建立农村垃圾污水的长效管理机制，县"宜居办"根据各乡镇的做法，出台推广"一项制度、两支队伍、三个机制"的长效管理措施，指导全县的农村垃圾污水管理工作。"一项制度",即建立镇村垃圾污水管理制度,通过人代会、村民代表会议的形式制定乡规民约、村规民约,规范农村垃圾污水的管理,解决了环境管理"做什么,怎么做"问题。"两支队伍",即一是建立镇村农村垃圾污水管理常设机构,要求乡镇设立常设机构负责农村污水垃圾的日常管理工作;二是建立稳定的保洁员队伍,落实保洁人员的工资福利待遇,严格按照劳动法规范管理,提倡农村生活垃圾保洁市场化运行,解决"谁来做"的问题。"三个机制",即一是经费保障机制,在村规民约中明确村民垃圾污水处理的缴费义务,推广"村民出一点,社会捐一点,财政补一点"多渠道筹集管理经费的做法;二是长效监督机制,建立村级举报制度,发挥村民自主管理的积极性,建立以村老人协会、公益理事会为主的日常监督机构,发挥老同志影响力和余热,督促群众和保洁人员,确保管理的效果,公示举报电话,每个行政村要统一制作10块以上的举报监督牌,畅通群众举报监督通道;三是环境卫生干部责任管理机制,把环境卫生的日常管理列为干部年度绩效考评的内容之一,建立镇干部包片、包村及村干部包组、包户制度。使农村垃圾污水管理的各项制度宣传落实到每一户,把环境整治任务落实情况作为干部年度工作考评依据之一,促进这项工作长期化、常态化、规范化,解决了"怎么保障"的问题。

新桥镇的环境整治

新桥镇以开展宜居环境建设和"两违"专项整治为契机,扎实抓好环境整治工作,努力营造良好人居环境。一是制定村规民约。在开展生态活动过程中,建立切实可行的村规民约,实现农村环境整治村民自治化,对于推进生态乡村建设持续长效开展具有重要的现实意义。按照一村一约的原则要求全镇20个村制定符合本村实际的村规民约。通过小组座谈、召开村民代表大会等形式,引导群众主动参与讨论和制定生态乡村村规民约,广泛征求群众意见,最大限度地让群众全过程参与，制定出符合村里实际的民约，这样村民才能遵守参与，最大限度地发挥村规民约的作用。二是扎实开展宜居环境建设。以湖口、任屋、新桥、三坑口、江坊等5个宜居环境建设重点村为示范，继续实施户保洁、村收集、镇运输、县处理的运作模式，进一步加大环境整治投入力度，各村开征保洁费，新建垃圾池（桶）286个，投入大小运输车辆21部，日处理垃圾12吨，镇村环境卫生得到显著改善。三是深入开展"两违"整治。县、镇联合执法开展规模拆违行动2次，拆除违章搭盖、空心房等39000多平方米，腾出土地35000多平方米。进一步加强规划监察执法力度，强化巡查监管，"两违"现象得到有效遏制，村民依法用地、依规建设的意识得到提高。四是改善人居环境。积极开展造林绿化活动，完成植树造林面积5377亩，其中水保项目完成3401亩，林业项目完成1976亩，为全年任务的302%，全镇森林覆盖率提升为81.3%。累计实施牛岗、任屋等7个村水环境治理项目，不断完善污水处理设施，加强对污染物乱排放的管理，有效扼制了污水乱排乱放的现象。进一步完善了叶屋、江坊、石槽、樟树、鸳鸯、任屋等村的路灯建设。投入120余万元，完成新庵线安保工程和道路绿化工程。投入近50万元，清理集镇到三坑口汀江河道。

（三）提升绿色发展水平

在巩固环境综合治理工作成果的基础上，长汀全方位提升生态环境建设水平，促进当地经济社会发展，实现"百姓富"与"生态美"的有机结合。实施"产业兴县"战略，在开发区大力推进生态产业的发展，重点发展稀土、纺织、机械电子、农副产品加工和旅游等"3+2"产业，以工业化带动城镇化和农业现代化，实现"二产促一产带三产"的产业结构调整，减轻水土流失区农业人口对生态的承载压力，促进农业增效、农民增收、农村和谐；实施"项目带动"战略，组织实施一批农业、林业、教育、卫生、交通、社会保障等社会民生建设项目,使更多的生态迁移人口愿转出、转得出,加快建设更加优美、更加和谐、更加幸福的新长汀。2012～2016 年,长汀共实施国家(长汀)水土保持宣教馆、森林文化景观体系、农村饮用水、养殖业污染治理、农村环境连片整治、现代油茶和茶产业、稀土工业园基础设施建设、天然气发电厂、荣丰水库建设等 20 个开发提升项目。

在产业提升中,融入绿色理念,全面推动绿色发展。围绕发展现代林业、建设林业生态强县,加快绿色崛起,长汀大力推进造林绿化。2013 年全县造林绿化任务 60400 亩,其中:"四绿"工程建设 11500 亩,包括绿色城市 600 亩、绿色村镇 2900 亩、绿色通道 1000 亩、绿色屏障 7000 亩;林分修复补植 32000 亩,包括重点区位 830 亩;人工造林更新 16900 亩,包括生物防火林带 2500 亩、珍贵用材树种 500 亩。同时,严格防控森林火灾,加强森林病虫害监测防治工作,推进重点项目的落实工作,培育壮大规模企业。

第一,提升城乡绿化一体化水平。把造林绿化作为治理水土流失的治本之策来抓,提高林分质量,增强森林蓄水固土能力;扩大森林面积,提高森林覆盖率,增加森林蓄积量。以创建国家级森林县城为载体,以实施森林培育"五大工程"为抓手,即造林更新工程、森林质量提升工程、城乡绿化一体化"四绿"工程、良种壮苗繁育工程、森林抚育工程,突出高速公路沿线、城市(城镇)周围等区域重点,突出林分结构改造、阔叶树种植等质量重点,突出绿色景观重点,打造厦蓉高速公路(长汀段)森林景观带、汀江干流两岸森林景观带、中石油万亩水保生态树种结构调整、三洲湿地公园核心区林分改造、绿色乡镇、绿色村庄等绿化美化精品示范点,通过套种、补植珍贵乡土树种、阔叶树种、有色彩的树种,多造混交林、复层林、异龄林,优化林分结构,促进形成树种多样、针阔混交、异龄复层的复合型林分,为逐步改变全县森林以杉木、马尾松等针叶树为主的状况,提升森林生态功能和夯实景观效果基础。

第二,提升绿色产业发展水平。努力把资源和生态优势转化为经济优势、农民增收的优势，大力发展生态产业，促进绿色增长，使林业成为农民群众的致富之源。一是加快林下经济发展。重点推进铁长新种黄花倒水莲 200 亩，红山、四都建立红菇保育区 1 万亩，三洲、河田建立澳洲茶树 1000 亩，三洲、濯田建立黄栀子 200 亩的示范基地建设，为逐步形成"一乡一业，一村一品"的发展格局，带动广大农民积极发展林下经济打好基础。发展竹笋产品加工、油料加工、生物制药、森林食品等精深林产工业，促进林下种养业的发展。二是发展壮大花卉苗木基地。鼓励专业技术干部在长汀河田露湖村、古城镇南坑村领办、合办鲜切花和绿化大苗基地，辐射周边乡村群众种植，促进培育鲜切花、乡土野生花卉产业带。三是大力发展竹业、油茶产业。实施中央彩票公益金支持革命老区创新试点（竹业）资金项目和毛竹丰产示范 8800 亩工程建设；以实施中央现代农业（油茶）项目 6200 亩油茶林示范片带为龙头，以推进涂坊万亩油茶产业示范基地建设为样板，带动全县种植油茶面积 1.32 万亩。四是加快发展森林旅游业。依托圭龙山自然保护区、三洲万亩杨梅生态治理示范基地、河田露湖生态文明示范村、森林公园等森林景观资源，突出区域特色，开发生态旅游产品，扩大森林旅游产业规模，使森林旅游成为长汀林业经济和旅游经济的重要增长点。五是积极发展森林文化。加强生态文明教育示范基地等森林文化阵地建设，积极培育竹、花、名木古树、森林旅游等森林文化，普及生态和林业知识，形成爱护森林资源、保护生态环境、崇尚生态文明的良好风尚。

第三，提升林业改革开放水平。进一步推进林业改革，激发林业发展活力。一是深化集体林权制度改革。及时有效化解林权矛盾；提高林地所有权和使用权到户率，激发林农、企业经营林业的积极性；规范森林资源流转，促进适度规模经营；加快商品林采伐管理制度改革，进一步加强林业经济合作组织建设，推进林权抵押贷款和森林综合保险的开展。二是建立健全林业投入机制。结合做好生态公益林资源储备工作，探索将重点生态区位的非生态林及重点生态区位的阔叶林界定为生态公益林，建立健全生态补偿机制，建立长效的生态保护机制。建立健全造林绿化投入和经营机制，引导各社会主体积极投入造林绿化事业。

第四，提升科技创新水平。充分发挥林业科技人员技术咨询、指导作用，提高基层林业科技服务水平。一是大力实施科技入户工程，加大林农培训力度，积极推广新成果、新技术，提高林农科学经营水平，为促进林业产业发展和森林生态改善提供强有力的科技支撑。二是充分利用"6·18"等技术招商平台，推进科企合作，促进林业技术成果与企业、林农对接，为科技兴林提供更好的条件。

（四）提升水生态建设水平

长汀抓住全国开展生态文明建设和开展水生态文明试点县建设的契机，针对水生态修复与保护问题，制定和出台了一系列政策措施，促进长汀水生态建设。长汀根据《国务院关于实行最严格水资源管理制度的意见》，结合严格水资源管理"三条红线"，出台了《长汀县实行严格水资源"三条红线"管理实施方案》，划定长汀县"三条红线"控制指标，明确了加强水功能区监督管理，把限制排污总量作为水污染防治和污染减排工作的重要依据。建立长汀县用水总量、用水效率、纳污总量控制指标体系，并合理细化了全县居民生活、工业、农业等各部门水资源管理"三条红线"指标体系。制定《长汀县重点流域水环境整治实施方案》，并每年根据流域水环境实际进行修改、完善，逐步形成河道和乡镇条块结合、以水清河美为重点的治理工作机制。出台《长汀县河道及其水面清洁管理若干规定》及具体《实施方案》和《考评办法》，为实现水面无漂浮物、河道无杂草无污泥堆积、堤岸无垃圾、河道畅通无障碍的"四无"目标提供了制度保障，确保了河道、沟渠、池塘、水库电站等组成的水生态系统良性循环。坚持开展汀江河道段水质监测，为实行最严格的水资源管理考评制度、落实水功能区限制纳污提供有力参考依据。

在具体工作层面，切实加大宣传力度，引导广大干部群众把思想和行动统一到全县实施水生态文明建设的战略层面上来，形成全社会支持参与创建工作的强大合力，营造全社会支持、参与建设的浓厚氛围，形成全民参与的良好局面。

科学谋划水生态文明城市试点建设。作为全国水生态文明城市建设的45个试点城市之一，长汀重点实施以汀江为纽带、以汀江流域为腹地、以汀江生态走廊建设为主的水生态文明城镇建设。通过落实最严格水资源管理制度和优化水资源配置，改善水生态环境，培育水生态文化。在水利部有关水生态文明城市建设试点的政策指导下，2014 年 4 月编制完成《长汀县水生态文明城市建设试点实施方案》并通过水利部审查，2015 年 3 月，省政府办公厅正式批复同意实施。

创新河湖管护体制机制。长汀是全国第一批河湖管理体制机制创新试点县，也是福建省唯一入选县。河湖管护体制创新试点县建设是深化水利改革、提高河湖管理能力，实现由传统管理向现代管理、粗放管理向精细管理转变，全面提升长汀县河湖管理的法治化、规范化和专业化水平的一次大的飞跃。"河长制"治水机制是河道管理的一项重大管理创新，是一项卓有成效的长效管理机制。长汀高度重视"河长制"实施工作，及时制定和出台工作方案，落实"河长制"实施细则和河流治理方案并召开专题会议进行安排部署。"河长制"的实施，进一步增强了各级党委、政府、有关部门和各级领导干部加强水环境治理的主体责任和责任感，形成了治水合力，为水生态环境治理攻坚战提供了重要的制度保障。

启动小水电站退出试点工作。按照省政府《关于进一步加强重要流域保护管理切实保障水安全的若干意见》要求，积极探索建立水电站报废退出机制，推动小水电转型升级，促进长汀水生态保护修复，提高本县的水生态文明水平。2014 年结合长汀小水电的实际情况，制定《长汀县小水电站退出试点实施方案》，并于 2015 年 1 月开展试点，选取 13 座电站作为首批试点，总装机容量 3595 千瓦，引水渠道长 25.1 公里，退出后可恢复生态河道 33.8 公里。

长汀县小水电站退出实施方案（摘录）

为深入贯彻落实省政府《关于进一步加强重要流域保护管理切实

保障水安全的若干意见》（闽政〔2014〕27号）要求，继续做好
"加法、减法、除法、乘法"工作、推动我县小水电转型升级，促进
我县水生态保护修复，提高我县生态文明水平。现就在2015年试点
退出电站的基础上，探索建立水电站报废退出机制，结合我县实际制
定本方案。

一、指导思想（略）

二、基本原则

1. 统筹兼顾、注重生态。统筹兼顾当地生产生活用水、环境保
护、生态建设的需求，科学合理生态安全格局，优化生活、生态、生
产空间结构，加强水生态系统保护和修复。

2. 因地制宜、分类指导。重点分析水能资源开发利用对河道生
态影响，以农村水电安全标准化建设为抓手，对于安全隐患重、生态
影响高的水工程设施设备，分门别类进行处置。

3. 依法行政、积极稳妥。以现有法律法规为支撑，继续加强体
制机制研究，建立一系列水电站退出和流域水生态管理制度，发挥
政府主导作用，妥善推动电站退出，促进流域水生态保护修复
工作。

三、科学规划

我县在2015年初被福建省水利厅确定为福建省小水电站退出试
点县，恢复了生态河道33.8公里，改善了生态河道73.5公里，但我
县的小水电站仍然存在老旧电站多、分部广、无规律、效益低的局
面，对流域内的水生态环境造成影响，部分水电站存在较大安全
隐患。

（一）调查摸底。根据我县电站的实际情况及前期试点退出电站
经验，对各类电站拟退出的电站合法性、运行时间、设施设备情况、
发电量和上网电价、员工情况、电站效益、供水矛盾情况、影响河流
生态等多方面进行彻底摸底，重点对有无严重脱水段及严重影响生态
且难以修复的电站、安全隐患大且无整改的电站、用水矛盾突出且无

法调和的电站继续深入调查。

（二）做好退出工作。

1. 退出电站选择。2015 年试点选择汀江干流上游及涂坊集镇旁边的涂坊河通过限、转、退三种方式，恢复改善了两条流域的生态，取得了非常好的正面效果。2016 年，一是继续对涂坊河龙头溪源水库上游电站进行退出。二是对水电站开发早，安全隐患大、效益低下，渠道引水造成河道断流长度较长，特别是与当地百姓用水矛盾突出的水电站的退出。

2. 退出电站情况。涂坊河龙头溪源水库上游电站共 2 座，总装机容量 450 千瓦。供水矛盾特别突出、安全隐患大、引水渠道造成断流较长的电站共 6 座，总装机容量 635 千瓦，采取政府资金适当补偿方式，县水利局设立退出资金专户，推动水电站退出统筹管理。

3. 退出电站实施。8 座退出水电站按照全退出方式进行，分别为涂坊河流域的坪坑、肖屋 2 座水电站，供水矛盾特别突出、安全隐患大、引水渠道造成断流较长的上塘、大寨下、丘坑、长丰、余家地、陈坑 6 座水电站。对退出电站的厂房、机电设备、拦河坝等相关设施进行拆除，对具有灌溉功能但有安全隐患的渠道进行修复完善，并交由乡（镇）村按照水利设施要求进行管理。对退出电站的电网进行解列，工商进行注销，并做好善后评价工作。

四、保障措施

（一）依法行政。一是加强规章制度建设工作，制定水能资源管理办法，明确水能资源开发使用权和水工程等固定资产的使用年限、权属、出让、转让、抵押和回收报废机制。二是以电站安全生产标准化评级为抓手，严格按照水利部《水电站安全标准化标准》，落实小水电站设施设备安全配置、防汛安全管理、安全生产责任和安全监管"双主体"责任制。三是按照水功能分区和流域规划要求，在限制开发区，限制不符合规划的电站改造，在满足安全运行要求前提下，让其自然运行直至电站报废关停退出。

（二）财政补偿。规范政府补偿资金评估、申报、公示和使用。按照合法性、装机容量、建设年限、发电量、使用寿命、效益及对水生态的影响情况，采用区别对待等方式进行评估。上级补偿资金主要用于对退出电站业主的补偿，地方财政配套资金主要用于退出后续管理。

（三）创新机制。一是制定水电站报废办法，明确资产交易和决策过程，规范电站评价办法和管理程序。二是制定水电站拆除办法，明确设施设备处置方式、清除水工建筑物工程措施及拆除处置方案，做好过程监管和验收。三是加强后期管理。对报废和退出电站建档立案，资产变更和注销，加强当地生态环境监测。

（四）后期评价。从安全、寿命、功能、经济、环境、社会等多个角度进行全面分析和评价，评价小水电站退出后对河道水量、水质、泥沙、鱼类、景观、土地利用、安全和取水产生的影响。

五、组织领导（略）

推进生态水利项目建设。长汀贯彻水生态文明理念，把水环境、水景观、水生态理念融合到水利工程中，着力提升新建水利工程的品质、品位。在流域治理项目建设上，注重保护河道原生态古木、河滩，保持植物、生物的多样性，修建人性化的近水平台，生态护岸，构建生态、和谐的河道堤防。近年来，在开展中小河流治理和中小河流治理重点县项目建设过程中，先后实施完成12个治理项目，治理河道28.9公里。生态护岸的建成，提高了各地参与建设与管理的积极性。河田刘源河、濯田丰口河相继制定了乡规民约，开展对河道的管护。在农村人饮项目建设上，在保障农村饮水安全，便利群众生产生活的基础上，抓好"自来水"的配套建设，为促进农村改厕及其他环境卫生用水提供条件，推动生态家园建设。在水库除险、山塘整治及其他小型农田水利工程建设上，积极采用新材料、新工艺，使农村水利工程成为与美丽乡村有机融合的景观工程、亮点工程。

（五）进一步提升长汀生态环境建设的思考

长汀在长期的水土流失综合治理工作实践中形成了一套以政府为主导、多主体参与的治理机制。在进一步的生态环境体系建设中，尤其要注重多主体参与形成合力问题，只有这样，生态文明建设才能获得持久不竭的力量。

第一，政府要简政放权，把那些适合由社会来做的事情尽量让社会来做，政府只负责生态环境建设的宏观政策、大政方针的制定以及监督、验收等工作，具体的事情，尽可能让社会充分发挥作用。要重视社会力量，要对其进行必要的监管、监督和指导，但除此之外，尽量减少政府的干预。信任社会的力量，放手让社会力量去施展他们的才能，在社会内部养成生态环境建设和保护的自觉意识和责任意识，生态环境建设才有持久的生命力。

第二，制定和出台生态环境建设的乡规民约，规范和完善乡规民约，鼓励其将生态环境理念贯彻进乡规民约中，让乡村在实现自治的同时把生态文明的理念渗入老百姓的心灵深处。发挥乡村自治机构的生态环境建设功能。

第三，制定规范健全的市场主体参与生态环境保护的机制。从资金、政策等方面鼓励和支持那些低耗能、低污染的产业发展。对于养猪等有污染的养殖业，要鼓励技术创新，引入循环经济，发展沼气、有机肥，对废物进行再利用。严禁高污染的企业进入水源地。通过购买服务的方式，发展参与环境保护的市场主体，引入社会资金参与生态环境建设。充分利用"谁投入，谁受益"的利益机制，鼓励市场主体参与环境保护。

第四，鼓励民间环保组织参与生态环境建设。鼓励和支持环保类民间组织的发展，通过授权的方式，鼓励民间环保组织监督企业的偷排偷放行为，协助环保执法。我国有相当数量的民间环保组织，也有很多民间组织进行生态文明建设的学术研究、研讨，决策咨询，我们应该通过购买服务、资金政策资助、舆论支持等方式给予鼓励和支持。

第五，在生态环境体系建设中，利益相关方的利益建构、实现和协调始终是必须予以高度重视和解决的，必须使得各社会主体在参与生态环境保护和建设实践过程中看到利益、实现利益、协调利益。

第六，要在全社会培育生态环境保护意识。生态文明作为一种文明形态，不仅表现在山清、水秀、天蓝、地绿等具体方面，更表现在人们的习惯、观念、意识以及生活方式等方面。保护生态、尊重自然应该成为人们自觉的认识和行为方式，做到这一点当然有难度，改变人的观念和思维方式比改变物质世界难度更大，但我们应该有改变人们的观念和思维方式的决心和意志。习近平 2015 年初在云南考察时指出，"我国生态环境矛盾有一个历史积累过程，不是一天变坏的，但不能在我们手里变得越来越坏，共产党人应该有这样的胸怀和意志"。这就要发挥整个社会的作用，在教育、宣传、制度、奖惩等各方面来体现生态环境保护的观念和意识。

第三章

生态家园的物质基础：长汀产业
经济的转型升级

  工业革命以科学技术为第一生产力创造了巨大的物质财富和精神财富，满足人类不断增长的物质文化需求，成为人类社会现代文明的主流模式并引导着世界各国发展的新潮流。工业文明的基础是有足够的可再生资源和不可再生资源，以及科学技术能够不断开发出足够的替代资源。然而，资源短缺和科学技术短时期内对自然资源替代的有限性事实，动摇了这一基础。如果说工业革命引发的人类社会由农业文明向工业文明、由农业经济向工业经济的转变是人类文明历史进程的第一次现代化，那么，当代人类正经历着的由知识、信息、生态等科技革命引发的工业社会向生态社会、工业经济向生态经济转变可称作第二次现代化。第二次现代化是在科学技术不断发展的前提下，以新能源革命和资源的合理配置为基础，转变经济社会发展模式，营造绿色生产方式和生活方式，通过资源创新、技术创新、制度创新和经济结构的生态化，降低人类活动的环境压力，达到环境保护、经济发展和社会进步三者共赢的目的。

  我国探索解决发展过程中出现的各种资源环境问题，历经了从环境污染末端治理、可持续发展、科学发展观到绿色发展等不同的阶段。从 20世纪 80 年代确立环境保护为基本国策，到党的十八届五中全会提出绿色发展理念，与创新发展、协调发展、开放发展、共享发展一起成为破解发展难题、厚植发展基础的五大发展理念，绿色发展在国家发展战略中的地位切实凸显。伴随着绿色发展进入具有指导意义和操作意义的国家"十三五"规划，顺应"农业经济—工业经济—生态经济"的转型发展趋势，欠发达地区探索以绿色经济为基本发展形态，因地制宜培育发展能够带动群众增产增收、走向共同富裕的生态产业，成为这些地区经济社会发展的最富有生命力的发展方向和迫切的任务。

生态家园的建设，经济是基础，产业是支撑。为把生态资源优势转变为生态环境优势，把生态环境优势转化为生态经济的优势，把水土流失的"负债"转化为加快治理的"资产"，长汀坚持治山与治穷相结合，政府主导与群众主体相结合，群众首创与科学施策相结合，在保护中开发，在开发中保护，不断推进生态产业体系建设，初步实现了从"黑色经济"到"绿色经济"的转变。

一 生态产业与长汀生态产业发展基础

正是出于对绿色发展的自觉，长汀县基于生态产业发展的构成及特点，在水土流失治理过程中持续谋划和推动生态产业的发展。总体上看，长汀的产业基础比较薄弱，门类较为单一，体量不大，受到生态资源环境的约束较为明显。谋划长汀绿色产业转型升级，必须对此有足够清醒的认识。

（一）生态产业的构成及其特点

生态产业是以生态经济原理为基础，按照现代经济发展规律组织起来的基于生态系统承载能力、具有高效的经济发展过程及和谐功能的网络型、进化型、复合型产业。它通过两个或两个以上的生产体系或环节之间的系统耦合，使物质、能量能多次利用、高效产出，资源环境能系统开发、持续利用。生态工业、生态农业、生态服务业等构成了完整的生态产业体系。

生态产业的基本类型构成见表 3 - 1。

表 3 - 1　生态产业的基本类型

序　号	基本类型	主要内容
1	生态农业	生态种植业、生态畜牧业、生态林业、生态渔业等
2	生态工业	矿产资源开采业、生态制造业、绿色化学、生态建筑、原子经济①、生态工程、新能源
3	生态服务业	生态旅游、生态物流、生态教育、生态贸易、生态文化建设、生态设计、生态管理等

生态产业具有以下三大特点。

第一，生态产业的和谐高效性。生态产业系统的和谐性不仅反映在产业系统内的要素以及这些要素之间的和谐共生，还反映在人与自然、人与人的关系和谐。生态产业系统改变传统产业"单向式""高能耗"的运行模式，提高资源的利用效率，物尽其用、人尽其才、地尽其力、各施其能、各得其所。物质能量实现多层次分级利用，信息劳动实现共享，废弃物实现循环再生，成为经济发展新的动力和增长点，促进区域以生态产业系统为引擎的增长替代。

第二，生态产业的发展持续性。生态产业系统是可持续发展理论的重要实践内容，它通过兼顾不同的时间、空间合理配置资源，公平地满足现代与后代在发展和环境方面的需要，它摈弃只顾眼前的利益以"掠夺""竭泽而渔"的方式来获得经济暂时的"繁荣"，而是考虑资源环境承载能力，追求更加高效、更加清洁、更加可持续的产业发展模式，促进代际公平，并将发展成果惠及于民。

---

①　最早由美国斯坦福大学的 B. M. Trost 教授于 1991 年提出，他针对传统上一般仅用经济性来衡量化学工艺是否可行的做法，明确指出应该用一种新的标准来评估化学工艺过程，即选择性和原子经济性，原子经济性考虑的是在化学反应中究竟有多少原料的原子进入了产品之中，这一标准既要求尽可能地节约不可再生资源，又要求最大限度地减少废弃物排放。理想的原子经济反应是原料分子中的原子百分之百地转变成产物，不产生副产物或废物，实现废物的"零排放"（Zero emission）。"原子经济性"的概念目前也被普遍承认。B. M. Trost 获得 1998 年美国"总统绿色化学挑战奖"的学术奖。

第三，生态产业的整体共生性。生态产业系统不仅重视经济发展和生态环境协调，更注重人类生活质量提高，不是一味追求经济效益，而是兼顾经济、社会、环境三者的整体性效益，是在整体协调的新秩序下来寻求发展。生态产业系统是建立在区域平衡基础之上的。区域之间通过相互联系、相互制约实现平衡协调，顺应生态经济社会复合系统发展的规律性，形成互惠共生的网络系统和生态平衡，实现永续发展。

（二）长汀产业发展状况与生态约束

长汀在全面推进水土流失治理的同时，转方式、调结构，经济有了长足的发展。在新中国成立后的30多年，长汀县 GDP 由 1949 年的 0.32 亿元增长到 1977 年的 0.88 亿元，增长了 1.75 倍，年均增长 3.6%；人均 GDP 由 219 元增长到 1977 年的 256 元，年均增长率仅为 0.56%。改革开放以来，长汀经济保持高速增长，人民生活水平不断提升。1978～2015年，长汀县 GDP 由 0.9 亿元增长到 170 亿元，增长了 188 倍，年均增长 15.3%；人均 GDP 由 257 元增长到 67902 元，年均增长 16.3%；财政总收入增长到 8.6 亿元，年均增长 16.8%；三次产业增加值分别增长到 28.2 亿元、83.5 亿元、58.3 亿元，年均分别增长 12.8%、18.4%、18.8%；固定资产投资总额和社会消费品零售总额分别增长到 683.3 亿元和 61.2 亿元，"十二五"期间年均分别增长 33.1%、16%；城镇居民人均可支配收入和农民人均可支配收入分别为 19800 元、11740 元，"十二五"期间年均分别增长 12.9%、14.5%。①

但与此同时，长汀产业发展也存在着诸多制约因素。

第一，经济基础仍然薄弱，发展速度相对滞后。长汀经济总量偏小，财政刚性支出不断增大，GDP 占龙岩市的比重总体在下滑，支撑县域经济跨越发展的基础不牢。"十二五"期间，长汀 GDP 年均增长 10.11%，与

---

① 资料来源：根据《龙岩统计年鉴》测算。因固定资产投资与社会消费品零售总额在 2000 年后统计口径有变，故数据仅供参考。

全市平均增速（10.9%）基本持平，2015 年长汀地区生产总值为 168.87 亿元，占龙岩全市 GDP 的比重不到 10%，人均 GDP 为 42323 元，位列全市末位，远低于全市平均水平（66865 元）。城镇居民人均可支配收入 14135 元，农民人均纯收入 8185 元，分别比全市平均水平低 9630 元、1211 元。2015 年公共财政总收入和地方财政收入分别为 8.65 亿元和 6.24 亿元，均为负增长（－17.6% 和－14.4%），而财政支出增长 21.5%，达到 31.2 亿元，其中一般公共服务支出 1.49 亿元，教育支出 6.46 亿元，社会保障和就业支出 3.08 亿元。[①] 由于公共财政总收入偏低，缺口主要依靠上级财政转移支付补助，亟须大力培植新的财政增长点，建立从输血转向造血的良性循环新机制。

第二，产业结构不合理，未能形成产业集聚效应。经过多年的结构调整，长汀形成了"二三一"的产业结构，2015 年三次产业增加值比例为 17.7∶45.5∶36.8。但从总体上看，产业层次结构不合理，多属于价值链低端产业。第一产业层次相对粗放、产业链较短，农业集约化程度低，抗风险能力不强。第二产业以劳动密集型产业为主，科技含量高的企业较少，产品档次和技术水平低，缺少龙头企业带动。如纺织产业产值 61.36 亿元，占 GDP 总产值的 48.6%，拥有年产 40 万纱锭的产能，但缺乏品牌，技术水平亟待提升。第三产业占比偏低，增速较为缓慢，总体上以旅游、传统商贸、餐饮为主。

第三，贫困人口比重较大，亟待脱贫致富。长汀是福建省经济欠发达县和省级扶贫开发重点县，近年扶贫工作进展较快，2015 年实现 6637 人脱贫。但由于贫困人口面广人多，全县尚有 5 个贫困乡镇、78 个贫困村，20914 名贫困人口，扶贫工作不容忽视。一些贫困乡镇由于劳动力缺乏，工价、肥料、燃煤、液化气等价格成倍增长，导致群众砍枝割草当燃料的现象有所反弹，给封山育林工作带来新的压力。有的贫困村几乎没有集体经济收入，村级组织的正常运转仅靠财政转移支付经费。贫困线上的部分

①　《龙岩统计年鉴》（2016）。

群众经济基础差、收入低，脱贫巩固性差，极易返贫；特别是交通比较闭塞的乡村，基础设施相对落后，水土流失治理难度加大，靠天吃饭的现象还没有根本改变，亟须加大加快扶贫开发的力度。2015年全县领取失业保险金人数8968人次，比上年增加1886人次；全县纳入城市最低生活保障的居民2921人，增加203人。[①]

第四，水土流失治理任务艰巨，生态赤字逐步上升。长汀水土流失尚未治理的区域大部分处于边远山区，交通不便，多为陡坡、深沟，不利于植物生长，且种植、管护难，治理成本更高，治理难度更大。由于长汀主导产业规模不大，综合经济实力不强，县财政用于水土流失治理和生态文明建设的资金有限，需要加快产业发展，拓展多元化的资金来源。一个地区的可持续发展，有赖于生态承载力。[②]研究表明，从2000年开始，长汀县的人均生态承载力呈现缓慢降低的趋势，人均生态承载力由0.8706gha/人减少到2010年的0.8497gha/人，减幅为0.0209gha/人，减少率为2.4%。各类生物生产性土地类型的生态承载力呈现小幅波动状态，水域和建设用地人均生态承载力明显增大，而耕地、林地和草地的生态承载力均呈下降趋势。主要原因是由于人口数量的增加、城镇化的推进、土地退化、气候变化以及政府相关政策导致的土地面积减少造成的。长汀县从2000年以来一直处于生态赤字，2005年生态赤字有小幅上升，2011年较2005年有所降低，但仍是2000年的2.28倍。从生态足迹与生态承载力的关系来看，2000年长汀县人均生态足迹（占用）是人均生态承载力（供给）的1.43倍，到2011年其需求增长到其自身生态系统可供应能力的2.01倍，这就意味着需要近2个长汀县的生物生产性土地才能满足居民所消费。生态赤字的逐步加剧，表明长汀县在现有人口和当前消费水平下，

---

① 2015年长汀经济社会发展统计公报。
② 生态承载力是指在某一特定环境条件下（生存空间、营养物质、阳光等生态因子的组合），某种个体存在数量的最高极限。1992年加拿大生态经济学家Rees提出生态评价模型。它是通过测定一定区域维持人类生存与发展的自然资源消费量以及吸纳人类产生的废弃物所需的生物生产性土地和海洋面积大小（生态足迹），与给定的一定人口的区域生态承载力进行比较，定量地评估人类对生态系统的影响及测度区域可持续发展状况。

生态需求程度已超出了自然生态统生态承载力的阈值，长汀县是通过消耗自然资本存量，或是依赖从外部输入生态足迹来获得当前的发展和弥补生态供给的不足，其发展处于一种生态的不可持续状态。[①]

表 3 - 2　长汀县人均生态赤字

单位：gha/人

年　度	人均生态足迹	可利用的人均生态承载力	人均生态赤字/盈余
2000	1.0976	0.7661	- 0.3315
2005	1.6421	0.7544	- 0.8877
2011	1.5038	0.7478	- 0.7561

第五，需要破解产业发展与环境保护之间的矛盾。长期以来，农业在长汀县国民经济组成中所占比重较大。改革开放后，长汀充分利用自身的山区资源优势，贯彻以经济建设为中心，坚持改革开放，大力招商引资，逐渐形成了以农业为本，以纺织工业为龙头，以稀土开发为特色的国民经济新格局，国民经济有了质的飞跃。但经济快速发展的同时也使得资源环境与工业发展之间的矛盾日益凸显。汀江位于韩江的上游，水资源丰富，长汀的发展势必影响到汀江及其下游区域的水资源环境，一招不慎极易造成不可预估的后果。稀土资源的开发利用与生态环境的保护有着密不可分的关系，管理不善极易导致利益驱动下的无序盗挖，造成森林资源的毁坏和生态环境的破坏，影响当地生态文明的建设。

因此，如何巩固水土流失治理的成果，将水土流失治理与生态产业发展有机结合，让老百姓更多更好地受惠于生态修复，受惠于生态产业的发展，使长汀的发展与生态优化互动，经济增长摆脱对资源使用、碳排放和环境破坏的过度依赖，从末端治理转向源头治理，排放结构由污染排放转向清污排放，长汀的发展思路与路径亟待突破。在习近平同志"进则全胜，不进则退"的重要批示激励下，长汀把生态环境保护放在全局工作的突出位置，掀起了新一轮水土流失治理和生态文明建设高潮，以建设生态

---

① 《长汀生态文明示范县建设规划（2013—2025 年）》。

文明县为契机，构建生态产业体系，逐渐探索出一条治理水土流失与发展经济相结合、治理水土流失与强林惠农相结合、治理水土流失与民生改善相结合的可持续发展路径。

二 长汀生态产业体系的初步构建

近年来，长汀立足资源优势和产业基础，重点培育"332"产业集群：做大做强稀土产业、纺织服装产业与文化旅游产业三个主导产业，着力打造现代特色农业、医疗器械产业和电子商务产业三个重点产业，培育壮大新能源产业和健康养老产业两个新兴产业。在着力发展生态产业中加快推进产业转型升级。

（一）发展高效集约的生态农业

生态农业是在保护、改善农业生态环境的前提下，遵循生态学原理和经济学原理，运用现代科学技术成果和现代管理手段，以及传统农业的有效经验建立起来的，能获得较高的经济效益、生态效益和社会效益的现代化高效农业。生态农业最早是由美国土壤学家于1970年提出的，其内涵是指"生态上能自我维持，低输入，经济上有生命力，在环境、伦理和审美方面可接受的小型农业"。它是从系统思想出发，按照生态学原理、经济学原理和生态经济学原理，运用现代科学技术和现代管理手段以及传统农业的有效经验建立起来，以期获得较高经济效益、生态效益和社会效益的现代农业发展模式。其目的是确保农业生产系统内物流、能流和价值流的合理流动，并最终实现社会、经济和生态效益三大功能的协调统一。

生态农业通过生态方式不仅避免了"化工农业"的弊端，而且通过适量施用化肥和低毒高效农药等，突破传统农业的局限性，同时保持其精耕细作、施用有机肥、间作套种等优良传统，既是有机农业与"无机农业"相结合的综合体，又是一个庞大的系统工程和高效的、复杂的人工生态系统以及先进的农业生产体系。生态农业自20世纪80年代初引入我国后，被赋予了富有中国特色的实质性内容，成为农业可持续发展的最佳实践模式，得到政府的高度重视，各试点区域在实践的基础上总结出了各具地方特色的生态农业模式。2002 年，农业部提炼出具有代表性的十大类型生态农业模式及其配套技术并向全国推广普及，希望借此对我国生态农业建设起到指导和示范作用，南方"猪—沼—果"生态模式是其中之一。

长汀"草—牧—沼—果"循环种养模式

在水土流失治理过程中，长汀人民出于当时的物质技术条件，因地制宜地探索出"猪—沼—果"生态种养殖模式及其改进版"草—牧—沼—果"循环种养模式，一度成为协调水土流失治理与经济发展的有效生产方式。

图 3-1　长汀"草—牧—沼—果"循环农业模式

"猪—沼—果"生态种养殖模式，就是在果园内根据果园大小建一定规模的可移动生猪养殖场，将生猪养殖在接近于自然的环境条件下，并将其排泄物腐熟、发酵获取清洁能源——沼气，残渣和沼液作为果园有机肥，同时在果树行间种植蔬菜（牧草）喂养生猪，形成一种良性循环。一般"猪—沼—果"标准模式建设内容为"三建三改"：即每个试验户建1口沼气池、建1个标准化果园、建1个微水池和改厨房、改厕所、改猪圈。从实践看，这种生态农业模式能合理利用和增值农业资源，尽可能提高太阳能和其他自然资源的利用率，使生物与环境各要素之间得到最优化配置，具有合理的农业经济结构，实行农、林、牧、副、渔等多种产业共同发展，建立种、产、养、加、销一条龙，通过物质循环、能量梯级利用，完善农村产业链，实现废物资源再生利用和无害化，降低农业成本，提高经济作物和产品附加值，提高经济效益和生态效益，在生猪饲养、果树种植、土壤肥力和增加农民收入等方面具有非常显著的效果。

随着实践的深化，长汀政府及时引导群众对"猪—沼—果"模式进行改进提升，大力发展"草—牧—沼—果"循环种养模式，增加种草环节，拉长循环链，以草为基础，沼气为纽带，果、牧为主体，利用牧草发展养殖，利用畜禽粪便发展沼气，沼液上山作肥料，形成植物生产、动物生产与土壤三者连接的良性循环和优化的能量利用系统，从而达到治理水土流失、增加农户收入、提高经济效益与生态效益的目的。水土治理与培植农业特色产业结合，长汀建立了一批杨梅、板栗、油茶、银杏、蓝莓等优质高效的现代农业生产示范基地，成长起一批农业产业化龙头企业和农业创富带头人，昔日的"火焰山"已转变成为今日的绿满山、果飘香。

以三洲杨梅产业发展为例，2000年，三洲乡党委和政府根据当地土壤富含稀土元素的特点，在全乡开始推广种植杨梅，引进了浙江东魁杨梅树种，同时推广"猪—沼—果"生态种养模式，用丰富的有机肥改善杨梅的品质。试种成功后，杨梅种植扩大到12000余亩，年出产杨梅 3000 余吨，产值达 5000 多万元，二洲乡被誉为"海西杨梅之乡"。为了拓展市场，政府接着引导果农成立杨梅产销协会，一方面对杨梅产业的发展进行指导和管理，另一方面又逐步壮大营销队伍，建立杨梅销售市场。还把杨梅加工成杨梅酒，提高了杨梅的附加值，并且引进瑞丰农业发展有限公司投资 5000 多万元，在长汀腾飞开发区新建果品加工厂，实现"产—供—销"一条龙，不仅有效地治理了水土流失，还增加了果农的经济收入，提高了果农的积极性。

治理水土流失的目的就是造福人民，最终实现人与自然的和谐共生，长汀在重点水土流失区推广循环种养生态农业模式，先后建成了各类示范基地，如河田镇大力发展"草—牧—沼—果"循环种养生态农业、高效农业，培育出了"盼盼""远山"等一批省级农业产业化龙头企业；又如策武镇南坑村 1999 年引进厦门树王银杏制品公司，创办无公害、生产、休闲为一体的银杏生态园，落实山地流转机制，租赁村民山场 2300 多亩，种植银杏 4 万多株，建起了 100 多立方米的沼气池 3 个，沼渣、沼液作为树王公司银杏的肥料，有标准化生猪养猪场 3 座，人均种果 5 亩多，户均养母猪 3 头，菜猪 20 头，建沼气池 180 多口，建立猪—沼—果家庭农庄 10 个，成为远近闻名的"闽西银杏第一村"，年产值可达 1000 万元，年出栏生猪 50000 多头；还有河田露湖千亩板栗示范基地、河田红中家庭示范林场、涂坊万亩油茶基地、濯田千亩蓝莓基地等。

"草—牧—沼—果"生态农业模式的建立，使大片荒山快速恢复植被。促进生态效益与社会、经济效益有机结合，探索出了一条可持续发展的水土流失治理道路。当然，随着经济社会发展水平的提高以及对生态环境的改善，"草—牧—沼—果"模式中原本被忽略或者被"容忍"的对河水、地下水以及周边环境的污染问题开始显现，意味着这种生态农业模式需要进一步改造提升。

早在 2005 年，时任浙江省委书记的习近平同志就提倡"大力发展高效农业"："高效生态农业是集约化经营与生态化生产有机结合的现代农业。它以绿色消费这一基本需求为导向，以理念创新、结构创新、科技创新、体制创新为动力，以提高农业市场竞争力和可持续发展能力为核心，具有资源节约、环境友好、产品安全、经济高效、技术密集、人力资源得到充分发挥为本质特征的新的现代农业发展模式。所谓高效，就是体现发展农业能够使农民致富的要求；所谓生态，就是要体现农业既能提供绿色安全农产品又可持续发展的要求。"①

长汀发展现代农业，按照保护生态环境、高效集约发展的原则，因地制宜大力发展特色种养业和"林下经济"，提高农民专业化经营收入。以建设"现代农业示范区"为载体，加快发展农产品加工业，促进农民增收，着力构建持续发展的生态农业体系。

一是结合水土流失治理，大力发展特色林业经济。立足生态资源特色，利用宜果、宜茶、宜林、宜竹荒山，建设名特优经济林、林下经济产业、丰产竹林、花卉苗木繁育等基地。同时对现有的油茶、毛竹、杨梅、银杏、板栗基地巩固提升，扩大面积，加强管理，提高产量，增加效益。杨梅、油茶、槟榔芋、蓝莓等特色种植基地初具规模，林菌、林禽、林药等林下经济规模不断壮大，截至 2016 年，建成 39 个林下经济示范基地，产值达 21 亿元。

二是加强现代农业科技扶持，创建优质高效的特色农产品生产示范基地。加快粮食高产示范田、园艺作物标准园、良种繁育基地等建设，推广普及农业"五新"技术，即新品种、新技术、新肥料、新农药、新机具。粮食作物良种推广率达到 100%，大批高产、优质、高抗品种得到推广应用。全县共推广农业增产增效实用技术 50 多项，示范推广优质农产品品种 300 多个，农业科技成果转化率达到 65%，科技在农业增产增效中的贡献率达到 52%，通过测土配方施肥、蔬菜设施生产、地膜覆盖种植等技术的普及推广，应用率达 80%以上，促进了农业生产的健康发展。

---

① 习近平：《之江新语》，浙江人民出版社，2007，第 109 页。

三是加快发展农村沼气建设，重点普及"一池三改"模式，充分利用沼液沼渣，推广"猪—沼—稻（菜、果）"等种养结合、农牧结合、林牧结合的生态立体农业循环模式，大力发展河田鸡、生猪、优质鳗等现代养殖业。目前建成年生产能力 5 万吨有机肥厂、省级特大型养猪企业、蛋鸡设施养殖企业等生态养殖产业。

四是加速发展农产品加工业，建设农副产品加工园区，培育扶持盼盼、远山等龙头企业，发展壮大油茶、笋竹制品加工、槟榔芋加工和"汀州米粉""汀州豆腐干""汀州酒娘"等长汀特色品牌系列食品，提升长汀农副产品加工业的规模、品牌和效益。拥有远山、盼盼 2 个中国驰名商标，远山生猪、河田鸡两个省级名牌农产品。"河田鸡"商标被评为"2013 年度中国最具成长力商标"，启煌牌槟榔芋被评为省级著名商标和福建省名牌产品。

五是加快培育新型农业经营体系，推进生态农业的集约化、专业化、组织化和社会化。加快培育家庭承包经营为基础，专业大户、家庭农场、农民合作社、农业产业化龙头企业为骨干，其他组织形式为补充的新型生态农业经营体系，出现了一批骨干龙头企业，优势农产品的市场竞争力进一步增强。目前拥有市级龙头企业 7 家，全国农民专业合作社示范社 2 家，省级示范社 16 家，省级示范家庭农场 7 家，市级示范家庭农场 20 家，福建长汀农民创业示范基地一个。盼盼食品、远山农业被评为国家扶贫龙头企业和省龙头企业。

六是大力发展生态林业，加强林业开发和综合利用。通过封山育林、树种结构调整等方式，加快长汀县已有森林资源的保护和低效残次林改造提升，着力提高长汀县森林生态系统的生态承载力。运用工程技术和生物技术，加强水土流失区域和矿山修复，实现生态环境改善，提高资源环境的承载能力，增强水源涵养、水土保持、维护生物多样性等提供生态产品的能力。同时依托长汀县的森林、湿地等资源，因地制宜地培育观光采摘、绿色出行、森林游憩、农家乐体验等森林旅游市场，发展生态绿色产业。

2016 年，全县农业总产值达 24.8 亿元，可比增长 4%；农村居民人均可支配收入达 12766 元，六年年均增长 14.6%；设施农业建成面积 2200 亩；发展农民专业合作社 565 家、家庭农场 998 家；申报认定"三品一标"农产品 47 个。①

（二）建设低碳循环的生态工业

生态工业是按照生态经济原理和知识经济规律所组织建立起来的基于生态系统承载力，具有高效的经济过程以及和谐的生态功能的网络、进化型工业，通过两个或两个以上的生产体系或环节之内的系统来使物质和能量多级利用，高效产出或持续利用。它是模拟生态系统功能，建立起相当于生态系统的"生产者、消费者、还原者"的工业生态链，以低消耗、低（无）污染、工业生产与生态环境协调为目标的工业。共生性是生态工业最基本的特征，生态工业园区建设是实现生态工业的重要途径。

长汀发展生态工业，注重强化绿色低碳理念，努力探索科技含量高、经济效益好、资源消耗低的产业发展模式，高标准高起点建设稀土战略性新兴产业，积极推动纺织、机械电子、农副产品加工等产业转型升级，着力培育发展新能源、医疗器械等新兴产业，同时把循环经济发展与节约型社会建设、环境保护等紧密结合起来，运用资源消耗减量化、再利用和资源再生化、可循环的循环经济理念指导产业结构调整优化和产业生态转型，推进工业园区生态化改造和产业集群化，紧紧依靠科技创新、体制创新和管理创新，大力推行清洁生产，提高资源利用率，全面提高企业素质和竞争力，优化产业布局和产业结构，初步构建起"区域品牌 + 企业品牌 + 产品品牌"的良性品牌联动发展体系，实现企业、企业集群、产业园区之间的互利共生，经济效益和社会效益的最大化。

一是加快建设集群化、生态化、特色化的新型园区。加快龙岩高新区长汀产业园区提质扩容，以龙岩高新区长汀产业园升级为国家级高新技术

---

① 2017 年长汀县《政府工作报告》。

产业园区为契机，加快园区生态化改造，积极推进节能降耗工作，进一步落实环境保护监管，加强工业环境整治力度，推动高新区集约化发展；加快推进稀土工业园园区道路和水、电、燃气、通讯管网建设，建设高标准国际化的稀土工业园区；按照"有序规划、分期实施、逐步推进"的原则，把晋江（长汀）工业园区打造成为以高端纺织、生物制药、农副产品加工为主导、"山海协作"共建产业园区。

长汀的产业园区建设与发展

产业园区是产业集聚的平台，也是区域经济增长的引擎。传统工业化道路面临着"动力约束"和"排放约束"等不可跨越的困境，随着经济发展从要素驱动为主的阶段转向技术创新并行驱动的阶段，绿色技术创新成为解决资源环境约束、转变发展模式、创造新的经济增长点的核心驱动力。在"制造业的生态化"成为提升竞争力的新趋势背景下，产业园区可以发挥产业的集聚和溢出效应，成为促进产业转型升级的主阵地。

长汀县把治理水土流失和发展经济相结合，主动承接沿海劳动密集型产业的发展，重点发展纺织、稀土、机械电子、农副产品加工等工业，一方面，通过产业的发展，转移水土流失区的生态人口，增加了财政收入和农民收入，减轻了生态承载压力和水土流失治理压力；另一方面，按照"高起点规划、高品质建设、高效率服务、高效益产出"的转型发展理念，坚持产业集聚、布局集中集约发展原则，引导主要企业园区化，重点园区专业化。2001年腾飞经济开发区被列为省级乡镇企业工业园区，2003年被评为省级工业园区建设先进单位，2005年12月经国家发改委审核为福建省首批14个省级开发区之一，并更名为"福建长汀经济开发区"。2009年被评选为"海西十佳品牌工业园区"。规划面积由1995年的2平方公里发展为现在的25平方公里（含稀土工业园8.78平方公里），由原来一个园区（腾飞区）

发展为现在"一区辖三园"：福建长汀经济开发区下辖腾飞区（与古城工业集中区合并为轻纺工业园）、工业新区（即策武工业集中区）、河田新区（含河田和涂坊工业集中区）三个园区。2013年，福建省政府正式批准设立龙岩高新技术产业开发区，园区范围涉及长汀、永定、新罗三个县区，规划面积132.9平方公里，是福建省目前面积最大的高新技术产业开发区。起步区为福建长汀经济开发区，核准面积2平方公里；发展区涉及新罗区东肖、红坊和永定县高陂、坎市、培丰等五个乡镇部分区域。

先后整合提升的龙岩高新区长汀产业园、福建（龙岩）稀土工业园、晋江（长汀）工业园，累计投入建设资金10.6亿元，建成面积13.9平方公里，建设标准厂房106.3万平方米，落户企业376家，2016年预计实现规模工业产值159.4亿元，占全县规模工业总产值的95.1%。龙岩高新区长汀产业园区成为国家级高新技术开发区，福建（龙岩）稀土工业园区成为全省新型工业化产业示范基地，晋江（长汀）工业园区被列入第一批福建省"山海协作"共建产业园区。目前三大产业园区集聚效应和承载力不断增强，成为长汀接纳东部沿海产业转移、促进产业集聚发展的重要平台。

龙岩高新区长汀产业园。近年来，长汀产业园严把项目准入关，重点引进生产工艺和制造技术属国际先进水平、产品符合纺织服装、机械电子、稀土精深加工、农副食品加工等"2＋2"主导产业。同时，持续实施"腾笼换鸟"、优进劣汰，推动园区转型升级。通过加快工业园区闲置低效用地清理，鼓励企业兼并重组或嫁接转让，切实提高土地存量使用效率，共收回27家闲置低效用地1420亩，重新出让给盼盼、安踏、鸿程、飞驰、天乐卫生巾等19家企业。经过几年的精心培育、选育，园区内企业品牌知名度和整体实力显著提升。现已拥有安踏、盼盼等5个国家名牌产品；安踏、盼盼、远山、河田鸡等6个中国驰名商标；盼盼法式面包、舒驰电动车、雨燕雨伞、卡鑫隆休闲裤、闽兴半挂车、龙翔二极管等14个福建省名牌产品；22个福建省著名商标。金龙稀土有限公司、长汀劲美生物科技有限公司、福建得力机械制造有限公司等 7 家企业被认定为国家级高新技术企业。福建得力机电公司被中国木工机床和刀具标准化委员会邀请参与起草全国木工行业标准。2014 年引进的伟益 2.8 万吨异型超细功能化锦纶纤维项目填补了空白。截至 2015 年底，入驻园区企业 338 家，规模以上企业 98 家（其中亿元企业 29 家）。实现工业总产值 159.68 亿元，同比增长 4.5%，其中规模以上工业企业实现产值 149.23 亿元，同比增长 4.6%。

福建（龙岩）稀土工业园区。稀土工业园区位于长汀县策武镇，规划面积 12.82 平方公里，建设用地面积 7.98 平方公里，总投资 60 亿元，2012 年 1 月园区升格为省级工业园区，为省、市重特大项目。长汀拥有丰富的稀土资源，稀土储备量居全省之首。2009 年稀土产业被列入省钢铁及有色金属产业调整和振兴实施方案，被列为福建省重点抓的 20 个产业基地（集群）之一。2010 年 4 月，龙岩市、长汀县、厦门钨业股份有限公司三方共同出资成立稀土工业园开发建设有限公司，按市场化运作方式开发、建设、管理稀土工业园。长汀的稀土开发按照"抓龙头、铸链条、建集群"的发展思路，提出"十二五"期间要大力发展稀土产业，重点主攻稀土深加工与应用，打造以稀土永磁材料和各种机电应用产业为核心、以稀土发光材料及应用元器件生产为核心、以稀土储氢材料及各种动力电池和电动车等应用产业为核心、以稀土有色金属材料深加工及其元器件生产为核心、以稀土功能陶瓷等新材料及稀土在化工和建材领域应用为核心的五大产业集群。为此，长汀引进厦门钨业股份有限公司，成立了厦钨控股的子公司福建省长汀金龙稀土有限公司，从事稀土分离、稀土精深加工以及稀土功能材料的研发与应用。公司总投资 20 多亿元，目前建成 5000 吨稀土分离、1000 吨稀土金属、2000 吨高纯稀土氧化物、1600 吨三基色荧光粉、6000 吨（首期 3000 吨）高性能钕铁硼生产线，形成了稀土矿山—稀土分离—金属冶炼—精深加工的技术研发完整产业体系。金龙稀土公司被列入 2012 年新兴战略骨干企业，福建（龙岩）稀土工业园区被列入第二批福建新型化产业示范基地。

目前，长汀紧紧围绕建设龙岩绿色矿都的目标，依托现有稀土产业基础，以福建（龙岩）稀土工业园区为平台，积极引入相关领域龙头企业，逐步完善上下游产业体系，力争形成统筹协调、开发有序、布局合理、自主创新、成龙配套的稀土产业发展格局。

晋江（长汀）工业园。20 世纪末，随着高速公路、省道、国道的大量建设，福建沿海与内地的道路、机场、邮电、通信、电力等互联成网，逐步消除了多年来制约福建区域经济协调发展的瓶颈。基础设施的大规模建设和完善，为沿海产业"跳跃式"转移至内地山区创造了良好的环境条件，沿海发达地区劳动密集型的纺织产业，已经出现了逐渐向内地山区转移的趋势。长汀县地处福建省内陆，是福建省最边远、最偏僻的县，周边地区经济发展普遍较差。在 20 世纪 90 年代末，香港南益集团和澳门精粹集团在长汀县办了两家针织厂，虽然规模很小，但苦于发展无路的长汀县决策者，却敏锐地觉察到劳动密集型的针织产业，适合县情，大有可为，可以充分利用本地劳动力资源丰富、与东南沿海距离相对较近的优势，抓住纺织产业由沿海向内地转移的难得机遇，率先承接纺织产业到县里发展。为了搭建承接晋江、石狮等地纺织业转移的平台，长汀县政府紧紧围绕制度创新，工作机制创新，采取了一系列有针对性的措施：一是外派干部到沿海地区挂职，联络感情招商；二是把税收与税务干部奖金脱钩，放水养鱼，改善地区投资环境；三是由政府出资，免费培训农村剩余劳动力。"十一五"期间，长汀县从针织到纺织，已经形成了完整的产业链，产业集聚效应初步显现。针对当时大部分纺织企业集中在产业链的上中游，生产初级和中间产品，知名品牌服装等纺织终端产品相对较少，产业体系不够完整的短板，"十二五"期间，长汀重点引导纺织产品高端化发展，拉长"纺纱—织布—服装加工—市场"和"纺纱—织片—缝合—后整—洗烫—市场"的产业链，拓展纺织服装企业发展空间，培育成长起以安踏、经纬、金怡丰等规模骨干企业为龙头的纺织产业集群，同时，随着"2+1"（高端纺织产业、农副产品深加工产业和生物与新医药产业）产业发展定位的推进，亿来实业、盼盼食品、建豪食品等亿元以上的规模食品企业也落户园区。园区未来的发展要进一步盘活晋江（长汀）工业园现有土地存量，努力探索拓展农副产品加工区建设，积极承接沿海地区产业转移，加强与沿海地区的共建合作，努力将晋江（长汀）工业园区打造成为高水平的山海协作园、专业扶贫产业园。

二是延伸产业链，提升纺织服装和稀土的产业附加值。以打造"海西纺织产业基地县"为目标，加快延伸产业链，引导纺织产品高端化发展；鼓励建立纺织研发中心；加大设备改造力度，推进纺织服装产业集群转型升级，优化存量。做大稀土产业，加快推进年产5万吨稀土石油催化剂等稀土精深加工项目，拓展稀土产品应用领域，建设集稀土分离、深加工、产品应用和研发、物流配送为一体的中国海西稀土中心，争创国家级高新技术产业园。以长汀金龙稀土公司为龙头，推动稀土产业基地化、规模化、集约化、效益化发展，构筑全国稀土产业基地。

三是加快发展新能源。充分利用西气东输的有利条件，加快天然气发电厂规划建设前期工作；重点开发山地风力、垃圾焚烧发电等资源，有序推进红山、铁长、四都等5个乡镇的风力发电项目；全力推进中石油催化裂化剂项目，加快形成经济新增长点。

四是引导发展医疗器械产业。通过设立产业发展基金，培育发展医疗器械企业，目前已有6家企业落户。策武德联和腾飞两个医疗器械产业园已进入前期工作。

经过多年的发展，长汀工业水平有了比较大的发展。2016年，全县规模以上工业总产值达168.1亿元，是2011年的1.3倍，年均增长13.3%；共有规模以上工业企业111家，其中新培育47家、亿元企业8

家；建立省、市企业技术中心 16 个；金龙稀土、得力机电、中意铁科、飞驰机械、钜钺汽配成为国家高新技术企业。[①]

（三）培育绿色休闲生态服务体系

服务业是第三产业的代名词，也是一个内涵丰富的产业。当前我国已进入工业化中后期，经济转型升级正处于重要历史拐点，加快经济的服务化进程是客观必然。服务业成为新常态下我国经济增长的新动力，现代服务业成为服务业的主流。按照为生产专业服务和大众生活服务划分，现代服务业可分为生产性服务业和生活性服务业，前者包括现代物流、金融服务、电子商务、信息服务、科技服务、服务外包、创意设计、商务服务、节能环保等领域，后者包括文化娱乐、体育、旅游、医疗、教育、养老等。它不仅包括现代经济中催生出来的新兴服务业，也包括经由信息技术改造、"互联网＋"融合的具有核心竞争力的传统服务业，这也意味着现代服务业具有广阔的发展空间。现代服务业本身具有资源消耗低、环境污染少的特点，可以在一定程度上缓解产业发展对资源环境的冲击与负荷，又有利于转变增长方式和优化产业结构。

长汀作为山区农业县，第三产业规模小、层次低，近年来持续推进产业结构优化升级，三次产业结构从 2010 年的 21.3∶42.4∶36.3 调整为 2015 年的 16.6∶49.1∶34.3。"十二五"期间，长汀第三产业年均增长 8.5%，2015 年第三产业实现产值 58.3 亿元。其中，旅游业成为新的主导产业，全县共接待国内外游客 182.9 万人次，实现旅游收入 17.05 亿元。第一产业大幅度下降，第二产业处于上升通道中，第三产业占比却出现了逐年下降的趋势，远低于全市和全省平均水平。[②] 第一产业下降释放的空间，主要被以制造业为主的第二产业所填补。现代商贸物流、旅游、信息服务等方面的大项目、好项目不多，第三产业发展瓶颈难以突破。因此，作为支柱产业之一的旅游

---

① 2017 年长汀县《政府工作报告》。

② 2015 年福建省三次产业结构为 8.1∶50.9∶41.0，龙岩为 11.5∶52.7∶35.8。资料来源：统计公报（2016）。

业，亟待突破。从旅游资源看，长汀作为国家级的历史文化名城之一，从盛唐到清末一直是闽西的政治、经济、文化中心，也是州、郡、路、府的驻地；长汀也是一个孕育了客家灿烂文化的千年古城，享有"客家首府"之誉，是客家文化的展示典范；同时，长汀又是著名的革命老区，是中国 21 个革命圣地之一，是继承革命传统教育基地；最近 20 年来长汀水土流失治理模式与经验被誉为中国水土流失治理的品牌、南方治理的一面旗帜，具有全国示范效应。过去，长汀的旅游业长期以古城旅游观光为主，对生态、文化旅游资源的挖掘和开发力度不够，旅游市场体系不完善，营销推广不力，旅游设施落后，服务配套不健全，导致旅游产品结构单一，缺乏精品，接待游客能力较弱。近年来，长汀在探索旅游业发展过程中，注意到文化开始成为人们休闲体验的重要内容，文化旅游成为一种备受青睐、生机盎然的旅游形式，发展特色文化旅游，成为旅游业竞争的新趋势。而长汀拥有独具特色的客家文化、红色文化、水保文化、森林文化等，其鲜明的个性特色，具备打造文化旅游精品的基础和条件。如果能以客家母亲河生态文化为主线，融合客家文化、红色文化、水保文化、森林文化资源，延伸旅游"衣、吃、住、行、游、购、娱、创"等产业链，完全可以打造以生态文化体验为特色品牌的旅游新业态，并以此带动商业、酒店业、餐饮业、交通运输业、批发零售业等第三产业加快发展。因此，长汀启动了生态文化体系工程项目，建设客家生态文化、红色生态文化、水保生态文化、森林生态文化四大工程，以"客家首府，大美汀州"为主题，打造红色旅游、客家旅游、生态旅游、名城旅游、乡村旅游五大线路，树立生态文化旅游品牌、加强生态文化旅游标准建设，提高旅游综合服务能力，有效提升了长汀县旅游的知名度，成功创建省级优秀旅游县。2016 年预计接待游客 210 万人次，实现旅游收入 20 亿元，分别比 2011 年增加 97 万人次、10 亿元，分别年均增长 14.8%、17.3%。线上企业由 2011 年的 29 家增至 210 家。第三产业增加值达 66 亿元，是 2011 年的 1.8 倍。①

① 2017 年长汀县《政府工作报告》。

当前推进产业结构优化升级、培育发展新动能、改造提升传统动能的关键在于构建现代服务业发展的支点，促进产业融合，实现经济、社会和生态的可持续发展。为此，长汀顺应旅游业从传统的观光旅游向休闲度假转型、从景区旅游向旅游目的地发展的趋势，立足生态宜居与历史文化名城的丰富旅游资源，结合全国生态示范县建设的要求和景区开发水土保持的要求，在保护自然资源及环境的前提下，突出特色，合理开发生态旅游景点，推动长汀旅游从"景点旅游"向"全域旅游"转变，实现生态旅游业可持续发展；抓住人口老龄化和国家大健康产业战略推进的良机，实现从卫生事业向健康产业的发展；积极培育新增长点，促进电商产业异军突起。

一是融合历史文化名城、客家首府、红军故乡、生态典范四大优势，发展生态旅游。第一，充分挖掘长汀历史文化的丰富内涵，开发红色旅游项目，提升红色旧址群景区品质；重点推进"一江两岸"旅游主景区和卧龙书院暨四大历史街区改造工程等项目，加快名城建设。第二，以项目建设为载体，推进三洲国家湿地公园、天下客家第一漂、客家山寨丁屋岭等一批旅游项目，结合"森林人家""水上渔村"等创建，开发建设休闲旅游项目，培育多样化个性化的生态旅游产品。第三，实施品牌推广工程，围绕"客家首府，大美汀州"主题品牌，整合、改造、提升长汀旅游资源，开展旅游推介会和动车沿线城市营销活动，提升长汀旅游影响力；加大星级酒店、观光旅游、农家乐、休闲避暑、"一江两岸"配套等旅游项目和大型超市、物流龙头企业的招商引资力度，延伸旅游产业链，打造长汀旅游品牌。

二是突出汀江生态、文化等优势，培育发展健康养老产业。策划储备、组织实施一批健康与养老服务工程，重点加快"候鸟"式医养结合的健康养老产业发展，促进医疗卫生资源进入养老机构、社区和居民家庭，发展农村养老服务。

三是抓住农村电商发展的契机，完善电子商务产业生态圈。依托电子商务发展与交通等基础条件的改善，加快建设汀州物流园区，重点发展互联网和现代物流产业，加快形成以互联网经济为主、现代物流产业为辅，配套体系基本健全、公共服务平台基本完备的电子商务产业发展生态圈。2015 年，共发展电商企业 122 家，实现网络交易额 5 亿元，成为阿里巴巴集团农村淘宝战略 2.0 升级版福建省内第一个试点县。

（四）创新驱动，培育农村电子商务新增长点

近年来，电子商务蓬勃发展，深刻地改变着人们的生产、生活乃至创业就业方式。其中，个人对个人（customer to customer，"C2C"）电子商务平台淘宝网帮助百万计的农民、大学生等平民阶层实现了创业梦想，被视为中国改革开放以来"第四次创业浪潮"中的代表性现象。一些地区，农民依托淘宝网创业就业逐渐呈现出集聚化的趋势。根据阿里研究院 2013 年报告，全国 7 个省涌现出 20 个"淘宝村"，形成了近 1 万家网店、年销售额超过 50 亿元的整体规模，对电子商务在中国农村地区的发展产生了强烈的示范和带动效应。

长汀县政府敏锐觉察到"淘宝村"是一种极富中国特色的农村电子商务集聚形态，具有进入门槛低、技术难度小、初始资金需求量少等优势，将成为农民参与电子商务的主要阵地。而且"淘宝村"村民创业的规模效应也会吸引物流公司、网络服务商等配套服务企业入驻村庄，延伸物流快递业的发展。依托淘宝网和自身的资源禀赋，欠发达地区农村可以通过销售特色农产品创业脱贫，奔向共同富裕的康庄大道。2014 年11 月，长汀县成立电子商务中心，县政府与相关部门加强扶持和引导，改善优化电子商务：一是"零成本"入驻解决起步难问题。县电商中心为入驻企业免费提供办公场所、人员培训、产品展示、资源对接等服务，实现 100%"零成本"办公，搭建创业平台，在全县上下营造了通过电商途径促进大众创业、万众创新的浓厚氛围。二是政策、金融、物流三项扶持共推电商企业发展。政策扶持方面，编制了《长汀县电子商务发展规划（2015—2020）》，出台了一系列办公环境、产业建设、税收优惠、人才培育等方面扶持政策措施。金融扶持方面，中国建设银行为

中小微企业提供授信金融、禹道—资金管理、善融商务、个人金融等服务；长汀县汀州红村镇银行还推出"电商贷"，专门为入驻电子商务中心的电商企业、个体工商户提供金融服务，发放创业贷款。物流方面，协同阿里巴巴、菜鸟网络、飞远物流签订了物流第三方合作协议，有效解决了县到村物流配送"最后一公里"的难题，打通"工业品下行"和"农产品上行"的双向通道。一方面，农村淘宝项目的落地让农村群众在家门口也能享受到网络购物的便利，另一方面，轻松筹、淘宝特色中国长汀馆、微店长汀官方店上行策划，打开了长汀产品的知名度，同时建立了农产品溯源平台，保证了产品质量的可靠性，促进了消费品下乡与农产品进城的双向流通。2015 年长汀杨梅大丰收，为应对卖果难，长汀通过微信、淘宝、O2O 体验等营销方式实现 5 天销售 10 万斤杨梅的佳绩。三是三驾马车全覆盖，全县已经设立村淘服务站 200 家，提供种养贷款 600 余万元（其中邮政银行 300 万元、兴业银行 200 万元、蚂蚁金服 100 万元）；供销 e 家服务站 80 家，提供品种选育、农资选择与使用、种养殖全程技术方案等多方面技术指导；"邮掌柜"乡镇全覆盖，邮递土特产，保价回收，服务"三农"，促进农业增效、农民增收，闯出了一条全新的致富路。目前服务点合伙人收入最高突破 4 万元，全县月收入破万的共 7 人，所有合伙人人均月收入最高突破 6000 元。同时，电商企业与贫困户结对子带动 800 余户贫困户参与物流配送，实现电商精准扶贫。一批大学生和外出青年返乡创业。据统计，农村淘宝合伙人招募共计收到超过 1500 人的报名，70% 以上是 20～35 周岁的青年，大学毕业生占比达到 45% 以上，外出青年回归报名人员占比已经超过了50%，为电商发展集聚了人才。2016 年全县注册登记成立电商企业达364 家，从业人员 3500 人，全年电子商务交易额 28.8 亿元，农产品交易额达到 8.1 亿元，成为阿里巴巴集团农村淘宝战略 2.0 升级版省内第一个试点县，被阿里巴巴集团评为"全国农村淘宝先进县"，被国家财政部、商务部评为全国电子商务进农村综合示范县、全国农村电商最具潜力示范县。

三　长汀生态产业建设的经验与思考

在水土流失治理的不断深化的过程中，长汀生态产业从无到有、从小到大。生态产业的发展巩固了水土流失治理的成果，带动了长汀产业结构不断优化、经济社会发展不断进步，为长汀绿色家园建设提供了坚实的基础，初步积累了一些有益的经验，同时也为谋划进一步的发展提供了方向和思路。

（一）生态产业发展的基本经验

长汀生态产业虽然是初步的，但其发展过程中仍然积累了一些基本经验，归纳起来，主要有以下几个方面。

坚持以人为本，注重开发性治理的观念创新。思路决定出路、想法决定做法。长汀水土流失主要是人为破坏造成的。从源头上说，长汀的水土流失是"烧出来"的。历史上，长汀老百姓一日三餐的燃料，都是靠上山砍柴割草来解决。20世纪60年代以前，不仅长汀农村靠上山砍柴割草解决燃料，就是县城的百姓、机关单位、学校也都是靠柴草来解决燃料问题。那个时候，每天黎明，成群结队的砍柴大军迎着晨曦上山砍柴，成为长汀的一道晨景。直到20世纪70年代，煤炭进入了长汀，政府开始推广烧煤。但大多数县城老百姓仍然上山砍柴，因为贫困的家庭舍不得花钱买煤烧，还是愿意去砍伐不花钱的柴草。

既然是"人为"，则需要在人身上寻找原因。治土、治水，关键还是治人的思想。所以在治理水土流失过程中，必须坚持以人为本，惠及民生，促进发展。长汀把治理水土流失作为"民生工程"、"生存工程"、"发展工程"和"基础工程"，把改善生态和改善民生结合起来，治理水土流失与发展县域经济相结合，治理荒山与发展特色产业相结合，注重改善人民群众的生活条件。

坚持以人为本，首先以解决群众生计问题为前提。为此，长汀县针对"烧"的问题，采取两个办法：一是"堵"，二是"疏"。"堵"：就是严禁乱砍滥伐，政府制定《关于封山育林禁烧柴草的命令》、《关于护林失职追究制度》以及严格生态保护等规章制度，加强宣传，强化干部群众"守土有责"的意识。做好面向公众、面向校园、面向企业的宣传活动，利用报刊、电视等媒体加大对群众的宣传力度，以提高对封山育林、治理水土流失的认识。"疏"：就是疏导群众用烧煤代替烧柴，建立了群众燃煤补贴制度，从解决群众生产生活使用燃料的后顾之忧入手，实行烧煤由政府补贴，建沼气池由政府补助，引导农民以煤、电、沼代柴，从根本上解决群众燃料问题，从源头上解决农民烧柴对植被的破坏。同时，还组建起专业护林队伍，形成了"县指导，乡统筹，村自治，民监督"的水保护林机制，保证水土流失治理能顺利进行。

其次，坚持以人为本，还得以改善农业基础条件为切入点，把改善生态与改善民生结合起来。为了惠及民生，让群众得到实惠，长汀建立了山林权流转制度，谁种谁有，谁治理谁受益，不仅鼓励公司、农户承包、租赁，还鼓励干部带头承包荒山种果种茶，凝聚社会各方力量共同开荒治荒，让广大群众在治理水土流失中得到实惠。同时，大力发展"草—牧—沼—果"循环种养。增加种草环节，拉长循环链，以草为基础，沼气为纽带，果、牧为主体，形成植物生产、动物生产与土壤三者连接的良性循环和优化的能量利用系统，从而达到治理水土流失、增加农户收入、提高经济效益与生态效益的目的。

最后，坚持以人为本，就要改变以往那种把保护环境和发展经济对立起来的认识误区，正确处理农民增收与生态保护的关系，教育农民不砍树也能致富，保护生态也能得益，着力提升生态产业发展和绿色富民的水平。第一，大力发展林下经济，重点发展林菌（竹荪）、林药（茯苓、姜黄）等林下经济项目，以林养林；第二，大力发展花卉产业，以花养林；第三，大力发展种苗产业，加强县林业水土保持优良种苗繁育基地建设，加快林木良种化进程，带动群众种植珍贵树种、培育绿化大苗，以苗养林；第四，积极发展生物制药，推进无患子基地建设，鼓励生物制药企业以"原料基地＋企业"模式发展生物制药产业以药养林；第五，大力发展森林旅游，以汀江国家湿地公园、汀江源国家级自然保护区、森林公园等为依托，突出特色，大力发展"森林人家""农家乐"，扩大森林旅游产业规模，以旅游养林。

长汀在生态文明建设进程中，正是因为明确治理水土流失的目的就是造福人民，是要促进环境与产业互动、人与自然和谐共生，实现经济社会可持续增长，让人民群众富裕起来，在良好的生态环境中生产和生活；因此，水土流失治理取得巨大成效，探索出了一条开发性治理的可持续发展的水土治理之路。

坚持改革创新，激发生态产业发展的动力。以生态林业发展为例，长汀是南方重点集体林区县，全县林业用地面积 388.8 万亩，有林地面积370.7 万亩；森林覆盖率 79.4%，森林蓄积量 1948.8 万立方米；全县生态公益林面积 116.3 万亩，占全县林业用地面积的 29.9%。长汀是 2006年国家林业局公布的全国 100 个经济林示范县之一，也是福建省 2009 年现代竹业生产发展资金项目县、全国油茶产业发展重点县。长汀县生态林业的发展注重深化林业改革创新，实现了理念上由林为本到以人为本的转变，管理方式由政府主导到政府主导与群众参与并行的转变，政策取向上由"取之于林"向"予之于林"的转变。特别是随着集体林权制度改革的深入推进，进一步明晰了林业产权，释放了林农发展林业的热情，激活了林业经营机制，调动了林农和社会力量经营林业的积极性。

开展集体林权改革创新试点。解决拆宗分户、林权联户发证难点，有序推进林地登记发证工作。至 2015 年 2 月，全县完成林地使用权登记发证 371.7439 万亩，占林地使用权应登记发证面积的 98.1%；林地所有权完成登记发证面积 371.8431 万亩，发证率达 98.2%；完成核发林权证到户本数 42718 本，林权证到户率 100%。实现"山定权、树定根、人定心"的目标。在山林分类经营上，充分尊重群众意愿，对商品林、竹林、生态公益林实施分类经营，落实承包模式。一是商品林，分山到户或联户，落实家庭承包经营，签订承包合同，实施联户发证或单户发证。鼓励林权流转，实施大户或公司企业经营管理，实现规模化、集约化、专业化经营，经合理林权流转的，办理变更登记并核发新林权证。二是竹林，全部分山到户经营管理，实施联户发证或单户发证。林权可以流转，实施大户或公司企业经营管理。三是生态公益林，实行"股份均山、联户管护"模式，分股不分山、分利不分林，生态公益林或水土流失区域，由村委统一监管，聘请专职护林员进行护林防火、森林资源保护，将森林生态补偿金分配到集体经济成员中，按林业"三定"的林权证换发全国统一式样林权证，将林权落实到村委会或村民小组。

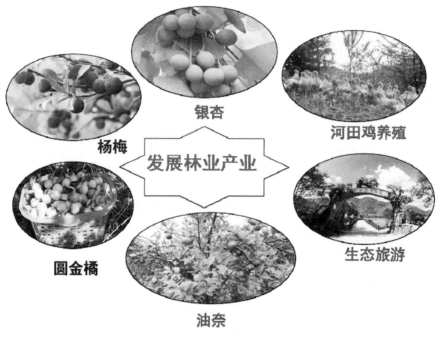

银杏

河田鸡养殖

杨梅

发展林业产业

圆金橘

生态旅游

油柰

图3-2　长汀大力发展特色林业产业

创新林业金融服务体制机制。2008年，为破解林改后林农投入林业生态建设资金启动难的问题，长汀在全市首创林业小额信贷，实行简单快捷、便利灵活的"五户联保"贷款和"信用贷款"方式，贷款资金主要用于竹山垦复、低产油茶林改造和植树造林。2008～2013年全县共发放林业小额贷款26340.24万元，发放中央、省级贴息资金计1359.08万元，受益农户3932户。2013年9月出台了《长汀县林权抵押贷款实施办法

（试行）》，对从事水土流失治理和林业生态建设的林权所有者凭新《林权证》直接抵押贷款作了规定，可以抵押的林权为全县商品林内的林权，对在生态公益林内套种、补种花卉苗木及非木质利用的林权给予试点抵押，提高了林农贷款的额度，充分激活林农手中资产的市场活性，实现由"静资产"到"活资产"的质变，使山林真正成为林农"绿色银行"的"源头"。县财政安排 3000 万元作为林权抵押收储保证金，每年贷额总额占保证金的 5 倍以上，即银行每年对林权抵押贷款放贷 1.5 亿元以上，为县林业生态建设解决资金难题。在实践中，长汀突破常规林权抵押贷款模式，由过去一年一贷一次还本的单一模式，创新 1～5 年授信、按揭、惠农卡等三种贷款模式，林农可根据自身实际情况选择贷款方式。林权抵押贷款的森林资源资产评估也由原来的需由省级财政部门认定的资质评估机构进行评估，改为由县级林业主管部门认定的具有丙级以上资质的森林资源调查规划设计、林业科研教学等单位进行，评估费由物价部门批准按森林资源资产总值的 0.8‰收取，改为按林权抵押贷款额的 0.8‰收取，直接减轻林农 65% 的评估费用。在林权抵押贷期间，金融机构和县林业金融服务中心及当地林业站、护林员对抵押物共同监督管理。县林业金融服务中心和县林业发展总公司对收储的林木进行处置，实行抵押物采伐指标单列优先安排。抵押人需为抵押林权办理森林综合保险和个人人身保险，用稳定性能好的保险产品为林权抵押贷款保驾护航，有效降低林权抵押贷款的风险性，确保该项机制平稳运行。自 2006 年至今，全县累计办理林权抵押贷款登记 143 起，抵押登记面积 37.0479 万亩，抵押登记金额 4.212 亿元。其中：自 2014 年 1 月 1 日至 12 月 31 日，县林业金融服务中心已办理林权抵押担保贷款 53 起，担保抵押面积 3.0914 万亩，担保贷款金额 2016 万元。有力地支持了林农业主、林业合作经济组织在发展生态林业、民生林业的资金需求。

创新森林生态管护机制。针对生态公益林保护面临着管护主体不明、权责不清、利益分配不合理等问题，进行了系列改革创新。第一，创新管护主体模式。2006 年 9 月率先在全市开展了创新生态公益林管护机制改革试点工作，并于 2007 年 10 月进入全面改革阶段，到 2008 年 10 月底对 116.3 万亩生态公益林建立到户联户管护、责任承包专业管护、相对集中委托管护等三种管护主体模式。第二，创新生态公益林补偿机制。严格执行《福建省森林生态效益补偿基金管理暂行办法》，落实生态公益林补偿机制，分配林农的补偿资金，利用国家粮食直补的银行账户平台，采用银行"一卡通"直补到户，确保了补偿资金足额发放和安全规范运作，使林农能够直接受益。第三，创新生态公益林护林员管理机制。2010 年以来，长汀县人民政府相继出台了《长汀县生态公益林及重点生态区域封山育林护林员管理办法》《关于 2013 年护林员队伍管理改革的意见》《关于加强生态公益林保护和护林员管理的通知》，全面开展生态林、护林员管理制度改革，在生态公益林保护上，深化落实林权所有者和经营者责任，乡镇、林业主管部门的行政责任，村级组织和林业站的监管责任；在护林员管理上，按照权、责、利相统一的原则，优化结构，将以往"村聘村管村用"的生态林护林员管理体制向"乡聘站管村监督"转变，实行护林员、扑火队员、林技员"三员合一"或"二员合一"，并相应提高工资待遇，加强绩效考核。全县生态公益林重新聘请 392 名护林员，签订管护合同 392 份、乡镇与村级生态公益林管护责任书 228 份。通过改革，实现由过去"少数人管，多数人看"向全体村民"共同管护、共同受益"的转变，真正做到了"山有人管，林有人护；火有人防，责有人担"。

坚持科技创新，以绿色技术推动生态产业发展。科学技术决定环境成本收益，环境成本收益决定经济发展方式。在从传统工业发展模式的"黑色经济"转向"绿色经济"、从"线性经济"① 转向"循环经济"、从"高碳经济"转向"低碳经济"的过程中，存在的突出问题是科学技术水平的低下，导致"生态不经济""循环不经济""低碳不经济"现象，要使经济增长与资源消耗脱钩，真正实现"绿色经济""循环经济""低碳经济"的发展模式必须依靠科技创新。

---

① 指单向流动的线性经济：资源—生产—消费—废弃物排放。

长汀从水土流失治理开始，就注重依靠科技创新。一是用"反弹琵琶"的思路指导水土流失治理，变生态系统的逆向演替为顺向进展演替。二是创新实施了"等高草灌带""老头松"施肥改造、陡坡地"小穴播草"等治理新技术，提高治理实效。三是创新机制。通过"筑巢引凤"打造"科技聚集盆地"，建立"博士生工作站"，与高校、科研单位联合开展科研、治理工作，实现治理成效与研究成果"两翼齐飞"。

在发展生态产业过程中注重生态化科技应用、宣传、推广。南坑村原本是长汀县出名的穷村。村民过着"山上无资源，人均八分田，打柴换油盐"的苦日子，被人称为"难坑"。为了引进银杏种植，在深入调查论证和大量收集有关银杏栽培技术资料的基础上，确认长汀的土壤、温度、光照、雨量均适宜种植银杏。于是，长汀县成立了银杏种植指导小组，带领村民试种银杏，在试种成功的基础上，成立股份制龙头企业——厦门树王银杏制品有限公司，租赁南坑村荒山 2309 亩（租赁时间 50 年），创办银杏生态园，并成立了厦门树王长汀银杏生态园有限公司与厦门树王银杏制品有限公司。1999 年秋，长汀银杏生态园启动。一开始就坚持依靠科技，规范种植，采用等高沟埂先进技术，不仅节约肥料成本，而且土壤有机质增加，土地肥力明显改善，促使银杏长得更快更好。2000 年 1 月开始定植，共种银杏近 6 万株，成活率达到了 95% 以上。同时，为使生态园成为国家中药材生产基地，银杏生态园严格按照中药材 GAP 质量管理的要求，先后制定并严格实施《白果生产技术标准操作规程》《白果规范化生产农药使用原则和方法》《白果规范化生产肥料使用原则和方法》等种植质量管理办法，并以合同形式签约，实施用公司＋农户的扶贫模式管理，成本低、效益好、生长平衡，被中国银杏研究会授予"全国银杏种植与扶贫开发生态建设示范基地"。针对种植银杏周期长、投资大、收益迟的特点，为了让农民认识银杏、了解银杏、广植银杏，县里通过多种途径宣传，让种植银杏的好处家喻户晓。长汀在实践证明银杏是一个适应长汀气候、土壤条件的果树品种，并探索掌握了一套科学的管理方法的基础上，开始大面积推广种植银杏，全县共种植 13 万多株。2010 年 11 月，长汀银杏生态园项目通过验收成为"国家级银杏生态建设标准示范区"。

将招商引资的重点放在引进资源节约型、科技创新型、产业带动型、生态环保型项目上。在承接沿海产业梯度转移时，紧把入口关，控制高污染产品进入。如引进针织纺织项目时严禁污染严重的漂染环节进入。工业园区整合提升，建立园区生态集控机制。充分利用现有资源，对原有科技含量高，发展前景好的金龙稀土公司等项目，鼓励其增资扩股。

坚持政策导向，建立生态产业发展的长效机制。长汀是福建23个省级扶贫开发工作重点县，2015年全县贫困人口占全市贫困人口总数的近20%，且大多文化程度不高，劳动技能缺乏，劳动能力不强，贫困人口发展能力弱，因灾因病返贫时有发生。因此，做好新时期的扶贫开发工作，要更加注重增强扶贫对象自我发展能力。也就是要从单纯救济式扶贫转向开发式扶贫，从输血式扶贫转向造血式扶贫。通过利用贫困地区自然资源，进行开发性生产建设，形成贫困地区和贫困农户自我积累和发展的能力以解决温饱、脱贫致富的方式。对生态脆弱的贫困地区来说，发展生态产业，是生态保护脱贫的新路径，也是可持续的共享发展模式。需要政府引导和政策扶持。

随着集体林权制度改革的落实，林农和社会力量投入林业生态建设的积极性空前高涨，长汀县坚持"生态建设产业化、产业发展生态化"的发展思路，因势引导，落实"谁绿化谁拥有、谁投资谁受益、谁经营谁得利"的政策，建立健全完善政府主导，公司企业、民间资本、林农和社会为主体多元化的水土流失治理及林业生态建设投入和经营机制。一是健全生态补偿机制。2013年县委、县政府出台《关于全面推进扶贫开发工作的实施意见》，将健全生态补偿机制列入推进全县扶贫开发工作的重要内容之一，规定在重点水土流失区生态公益林通过营林措施，其平均蓄积量超过考核年度当年商品林蓄积量平均值，郁闭度达到0.8以上的，对增长部分公益林面积按每亩给予6元奖励，每五年考核一次。2014年，县政府制定了《关于重点水土流失区生态公益林林木蓄积量增长激励机制考核实施意见》，将重点水土流失区的7个乡镇136个村65.2万亩生态公益林，列入林木蓄积量增长激励机制考核范围。二是激励林下利用，大力发展以林下种植、林下养殖、林下产品采集加工和森林景观利用为主要内容的林下经济。在生态公益林林地内种植（含补植、套种）非木质利用（如杨梅、板栗、无患子等采果采叶）为主的林木，权属明确的给予发放林木所有权和使用权林权证。2013 年以来，创新"公司 + 基地 + 农户"引领机制，突出抓好省定林下经济扶持县的林下经济利用补助资金示范项目建设，因地制宜实施茯苓、竹荪、互叶百千层、姜黄、红菇保育、芳香樟、兰花、铁皮石斛、金花茶、金线莲、林下养鸡养羊、林蜂、中草药种植，探索"一乡一品"。建立"森林人家"建设奖励机制，获省林业厅授牌"森林人家"3 家。三是出台投资造林的补助政策。如对在荒山疏林地和迹地更新造林的每亩补助 200 元；对连片营造速丰林 200 亩以上的每亩补助 50 元；对新造油茶林和现有油茶林改造的每亩分别补助 300 元、150 元；对林权抵押贷款用于林业生态建设的，优先申报国家财政 3% 的林业贷款贴息。同时，落实好上级造林绿化项目补助政策。四是引导林权流转。全县通过自愿有偿转让、出租、合作等形式林权流转面积计 133.74 万亩，使企业、造林大户资金向林业聚集，既推进了"公司 + 大户 + 农户"林地适度规模经营模式，又促进了林业生产从资源经营向资产经营的转变。通过建立健全政策保障机制，有效激发了社会各界参与造林绿化、投身水土流失治理的积极性，形成了林农、村林业合作经济组织、造林公司和造林大户以租赁、承包、联合经营、委托经营、合作林场、家庭林场等多形式植树造林新模式，实现了从以政府和部门造林为主向以社会造林为主的转变，由分散造林向规模化经营的转变，打造了林业在水土流失治理中推进林业生态建设的"升级版"。林改以来，先后有 120 余家造林公司前来长汀县工程化造林，种植生态林、经济林、速生丰产用材林，在造林绿化，保持水土发展生态林业的同时，又发展了民生林业，有力地加快了水土流失治理和生态林业建设步伐。

通过生态林业的产业化发展，培育了林农自我生成、自我发展能力，从而达到收入可持续、环境修复可持续、产业发展可持续。2016 年完成植树造林 27.2 万亩，森林蓄积量达 1557 万立方米，森林覆盖率 79.8%。全县造林面积在 500 亩以上的造林大户达 33 户，非公有制造林面积占全县造林面积的 85% 以上。截至 2016 年，建成 39 个林下经济示范基地，经营面积超过 155 万亩，产值达 21 亿元。

（二）进一步推动生态产业发展的思考

当然，比较而言，长汀生态产业的发展仍是初步的，发展壮大生态产业体系仍然需要不断地进行理论思考与实践探索。

第一，构建生态产业体系要顺应生态产业发展规律。近年来，长汀发展生态产业取得了初步成效，但也存在产业体系不完整，产业升级动力不足，产业结构亟待优化，生态环境保护不能与经济发展齐头并进等问题。具体表现为：农业基础设施薄弱，产业化水平低；传统要素优势正在减弱或丧失，主导产业后续增长乏力，新兴产业发展基础薄弱，工业发展平台推进缓慢，优质项目偏少，工业园区土地利用粗放，低水平重复建设较为严重；旅游、物流、金融、科技服务等现代服务业活力不足等。因此，要顺应生态产业发展规律，因势利导构建生态产业体系，加快产业转型升级。

顺应生态农业从"平面式"向"立体式"发展、从纯农业向综合农业产业发展的趋势，在利用农作物在生长过程中的"时间差"和"空间差"进行综合技术组装配套，推广林下经济等生态农业立体种植模式的同时，也要注重发展以集约化、农业产业园化生产为基础，集农业种植、养殖、环境绿化、商业贸易、观光旅游为一体的综合性生态农业产业，探索以龙头企业带动、骨干基地带动、优势产业带动、专业市场带动、技术协会带动等多样化的生态农业综合经营模式，延长食物链、生产链和资金链，促进生态农业可持续发展。

顺应生态工业在企业层面实行清洁生产、在区域层面实行生态园区建设的趋势，制定产业发展负面清单，强化资源环境倒逼机制，推进节能减排，推动资源利用向节约集约、绿色低碳、环境友好转变。稀土产业要以福建（龙岩）稀土工业园区为平台，引入相关领域龙头企业逐步完善上下游产业体系，推动精深加工化发展，形成统筹协调、开发有序、布局合理、自主创新、成龙配套的稀土产业发展格局。同时，要推进绿色开采，高效利用。要按照生态型园区建设要求，通过清洁生产新技术新工艺研发，实现资源消耗和废弃物排放减量化，实现企业内物质流和能量流高效循环。促进生态产业链设计、资源循环利用、清洁生产运用、污水集中处理、固废集中处理等环境管理体系建设，确保稀土资源的可持续开发利用。

顺应生态服务业就业结构呈现出高端人力资本化，内部结构升级趋势体现为从劳动密集型转向知识密集型，生态服务业与制造业逐步融合的趋势。一方面，要注重服务业人才的培养引进和扎根；另一方面，要在推进"全国电子商务进农村综合示范县"建设的基础上，进一步完善电子商务公共平台和支撑体系建设，借助互联网、大数据、物联网等信息技术，重点开拓网上市场，推动农特产品上网进城，支持互联网经济优秀人才在长汀创业，引导长汀电商物流城发展成为县域电商中心和众创空间，孵化培育一批创新型、成长型、科技型互联网经济中小微企业。鼓励行业龙头企业供应链向行业电商平台发展，形成电子商务资源的区域性聚集，加快长汀县区域性商贸物流中心及综合市场体系建设，形成辐射闽赣的物资、信息、资金集散中心，促进生态物流业发展，培育新增长点，加快实现"服务型制造"。

顺应"互联网＋"新趋势，促进产业融合。推动"一产接二连三"互动融合发展，将农业生产与休闲观光、度假体验、健康养生等融为一体，完善服务功能，提升休闲农业的档次和水平。探索发展集观光、采摘、农业科教、"互联网＋农场"私人定制专属菜园等于一体的综合型现代农业，鼓励农户因地制宜地发展果蔬采摘、花卉观赏采撷、竹林观光、生态旅游、垂钓、农家乐等生态休闲观光农业，培育现代农业综合体和乡村旅游精品项目，提高农业综合效益。

第二，政绩考核机制要着眼于激发绿色发展的内生动力。考核评价机制对区域经济发展起着重要的引导作用，考核评价指标体系的设计、主体的选择、程序的规范、结果的运用情况直接关系到区域经济发展速度和质量。长期以来，由于片面强调政绩考核的经济性，对地方政府政绩考核"唯 GDP 论英雄"，导致政府行为扭曲，竭泽而渔的增长模式不仅造成严重的环境污染、生态破坏，而且损害了人民群众的根本利益，加剧了代内代际间的不公，影响经济社会生态的可持续发展。

从邓小平的"两猫论"（不管白猫黑猫，抓到老鼠就是好猫）到习近平的"两山论"（绿水青山就是金山银山），既有发展阶段的转换，更有对发展理念认识的深化。党的十八届五中全会提出五大发展理念，五大发展理念的核心就是坚持人民主体地位，就是人的全面发展。绿色发展，最终要落到绿色富国、绿色富民。我们常说：为官一任，造福一方。要把绿色发展从干部的外在压力转化为内生动力，考核评价机制起着重要的引导作用。长汀已往的政绩考评，既有组织部、发改委、环保局、效能办等多部门的考核体系，也有各种专项考核指标，考核内容涵盖经济发展、城乡收入、科教文卫、城市建设、生态环保、计划生育、耕地保护、安全生产、维护稳定、廉政建设等方方面面。多套指标干部应接不暇，疲于应付。完善政绩考核机制，必须解决三个关键问题：一是考核什么，这关系考核评价指标体系的设计，要差异化设置考核指标及权重。二是怎么考核，这涉及考核主体的选择，要上下联动全方位综合考核，并引入第三方机构进行评估。三是考核结果的运用，这涉及程序的规范。要加强对考核结果的监督，要有相当程度的公开，接受社会公众的评判。也就是要避免现在考核项目公开、透明，考核结果不公开或不及时公开的弊端。长汀虽然是福建省已经取消了 GDP 考核的 34 个县市之一，但是福建省与之相配套的相关政策却没有推出来，GDP 的魅影依然在地方官员的面前闪现，仍然存在无形的 GDP 的压力。尤其是生态产业的发展投入时间长、见效慢，要让干部能够有定力地沉下心来，为地方发展做好打基础、立足长远的工作，就必须发挥科学考核的指挥棒作用。所以，长汀生态家园建设的实践要抓住生态文明试验区赋予的全国生态文明示范工程试点、自然资产资源负债表编制试点的机遇，积极探索差异化考核指标的设置，具体区分对干部共性要求的"基础性指标"，以及体现不同地区和部门的职能特点、职责要求的"特色性指标"，实行分类考核，并对考核情况逐一深度分析并形成评价报告反馈组织人事部门，作为干部提拔、使用任命的依据。同时，又要探索多元化评估机制，完善自上而下与自下而上相结合的考核方式，适度引入专家学者和社会专业机构等第三方评估，这样才能引导干部主动适应绿色指标考核体系，增强绿色发展的动力和定力。

第三，顶层设计规划落地要和市场机制创新相结合。生态环境是人民生存的基本条件，生态环境权益是人民的基本权益，生态环境质量直接关系人民的生活质量和生命质量。因此，生态文明建设的观念创新中，首先要回答"为谁发展"，其次要回答"为什么发展"的问题。要明确发展是为了最广大的人民，是为了最广大人民的可持续幸福而发展。环境保护与修复，不仅是经济发展到一定阶段的果，而且是经济发展转型的因。同时，还要回答"怎样发展"的问题。

2014年，长汀为了提升水土流失治理水平，推进生态文明示范县建设，实现"从荒山到绿洲到生态家园"的转变，立足自身发展基础和生态优势，依托汀江客家母亲河，以汀江为主线，以"一江两岸"为纽带，按照主体功能区划要求，深入挖掘长汀历史、客家、红色、生态文化底蕴，科学布局，合理规划，提出生态文明建设的"五大体系"和汀江生态经济走廊建设规划"六大板块"布局，但规划的最终落地需要项目的支撑和资金的支持。一方面，要拓展多元化的资金渠道，完善政府性融资平台，加大中央建设专项基金争取力度。促进地方金融创新发展，鼓励引导民间资本发展融资担保机构，规范发展民间借贷；引进保险资金支持项目建设，建立良性投融资循环机制。灵活运用PPP、资产证券化等融资模式，围绕增量优质公共资源，活化城乡土地、基础设施等存量和潜在资源，为发展提供资金保障。另一方面，依托县林业金融服务中心，健全林权流转平台建设，保障林农合法权益，使其在"绿水青山"中受益于"金山银山"。要完善森林生态效益补偿机制，积极发展碳汇林业，促进森林资源从资产向资本的转变，使山林真正成为林农业主的"绿色银行"。

发展生态产业体系，需要构建内源发展与外源拉动的相结合的机制。政府规划引导的同时，还需要发展模式的创新。既要积极主动争取国家、部委、省市厅局在规划、政策、项目、资金等多方面的支持，也要通过制定一系列的优惠政策，鼓励、引导、集聚企业和社会力量参与，只有内外联动，才能共同推进长汀生态产业体系的建设。

第四章

生态家园的城乡布局：长汀人居
体系的初步构建

历史经验证明，工业化的进程伴随着城市化的进程，工业化与城市化将带来产业结构变迁和人口再分布，在这一历史逻辑的推演进程中，人类聚居形式以及人类与环境的交互关系随之改变，从而深刻影响着城乡的面貌。中国的快速工业化进程必然导致其对人居环境的改变，这种变迁不是渐进的而是剧烈的，短时段的剧烈冲击，大大增加了人与环境的矛盾和冲突。因此，必须从人居环境的高度重塑人与自然、人与人之间的关系，有效化解城镇化进程中工业资本强势导入所引发的人与环境的矛盾。

长汀在水土流失治理的基础上致力于生态家园的建设，探索一条"生产、生活、生态"和谐统一的发展之路，一条宜居宜业幸福生活之路。通往生态家园的愿景，离不开生态人居环境体系的建设。那么该如何理解人居环境？人居环境包含哪些内容？长汀县在人居环境建设方面取得了哪些成效和经验？存在哪些亟待解决的问题？人居环境的构建未来将如何融入长汀下一阶段的生态家园建设？

一　人居环境体系的构建及其意义

人居环境质量的提高是全面建成小康社会的一项根本性的衡量指标。

我国整体上工业化发展已经进入中期阶段，初期 GDP 主义主导的经济发展对人居环境造成的负面影响亟待改变，在生态治理基础上，按照生态人居的理念谋求生态家园建设，是全面建成小康社会阶段一个急迫的任务。

（一）人居环境的内涵及其提出的背景

关于人居环境的含义可追溯到 19 世纪末 20 世纪初，城市规划先驱者英国人埃比尼泽·霍华德针对工业进程与人类宜居之间的冲突提出了"田园城市"的理论。之后，人居环境理论曾长期依附于"规划学"的研究领域。直至 20 世纪 50 年代希腊建筑师道萨迪亚斯在对城市问题深刻反思的基础上创立人类聚居学，人居环境的内涵才得以丰富并得到系统性的研究。我国人居环境研究的先驱，清华大学的吴良镛在道萨迪亚斯理论的启发下，开我国人居环境研究的先河，认为人居环境科学是以人与自然的协调为中心，探讨人类聚居条件下人与环境之间相互关系的科学。

人居环境是个多义耦合概念，涵盖了人与自然、生命个体与整体间的相互作用的关系，是生命生存、发展、进化各阶段所依存的必要条件和主客体相互作用的总和。优良的人居环境表达了生命和环境之间的良性循环、整体与局部的协同，生生不息的文脉、机理、组织和秩序。其动力学机制是不同生物个体竞合协调共生，以及包括人类在内的生物生存发展与环境的和谐互动。

人居环境建设是工业化背景下的产物。19 世纪以来，工业化浪潮席卷全球，城乡面貌发生剧烈变迁。在工业化资本逻辑的发展导向下，一方面，社会财富呈几何级数增长；另一方面，城乡环境受污染，历史风貌被破坏，人与自然、人与社会疏离，人沦为工作机器等人类生存困境问题层出不穷。在这些问题的笼罩下，人居环境严重滞后于经济发展。宜业不宜居的城市、凋敝污染的乡村是工业化资本强力侵袭后的写照。人们追求财富的过程也是不知不觉在自掘坟墓的过程，日本的"水俣病"、洛杉矶的"光化学烟雾事件"、伦敦的"烟雾事件"等以无比惨痛的生命代价，考问违背自然规律的粗放野蛮式掠夺自然资源的经济增长方式，最终促使发达国家反思资本逻辑增长至上的环境后果，并在由工业化时代向后工业化时代转变时期致力于转变经济发展方式，以生态发展逻辑逐步取代资本逻辑，提出可持续发展的新的发展观，解决好人与自然的关系，以期达成生态保护与经济发展的共赢。

（二）人居环境系统的建构及理念

很显然，人居环境含义内蕴着系统论的观点，换言之，将人居环境视为一个系统，是人居环境概念本身所赋予的特征。因此，必须从系统建构的视角进一步探讨人居环境建设的一般原理，这样才能对实践有着切实的指导。

从人居环境系统的构成来看，人居环境系统包含哪些内容呢？比较受到普遍认可的大而化之的观点是人居环境包含自然、经济、社会三大方面。但对于更具体的关于人居环境的系统构成目前仍未达成共识。其中，较有代表性的看法有三种：一是吴良镛借鉴道萨迪亚斯的"人类聚居学"，将人居环境划分为自然系统、人类系统、支撑系统、居住系统、社会系统五大子系统；二是将人居环境划分为硬环境和软环境，硬环境包含基础设施和公共服务设施水平、生态环境质量、居住条件三个组成部分，软环境则是指人居社会因"人"的社会属性衍生的无形环境，如社区交往、文化传播等；三是从居住的角度将人居环境划分为聚居建设、聚居条件及聚居社会经济环境。前两种观点从人居环境系统本身进行建构，第三种观点则从人类聚居活动的视角构建人居环境体系。

三种观点的差异在于各自的视角和侧重点有所不同，第一种观点固然比较全面，但偏于宽泛，研究内容会过于庞杂。鉴于我国的人居环境建设还处于初级阶段，结合我国当前新型城镇化的背景，可以综合上述三种观点将人居环境划分为生态环境、社会经济环境、基础设施环境和公共服务四大子系统。

从人居环境的空间类别来看，人居环境涵盖所有的人类聚居形式，从空间尺度上可分为城市、集镇和乡村三大类，其中集镇是介于城市和乡村之间的过渡类型。由于三类在人口数量、景观、经济活动、社会文化等方面存在诸多特征性差异，因而其人居环境的价值取向有所不同。城、镇、村三者的差别主要体现在：

人口的差异。首先是人口规模的差别。我国 10 万人口以上可设市，2000～10 万的可设镇，2000 人以下的居民点为乡村。其次是人口产业分布的差别。城市和集镇的劳动人口多分布在第二、第三产业，乡村的劳动力多分布在第一产业。最后是人口密度的差别。城市、集镇人口较稠密，乡村人口比较稀疏。

经济活动的差异。城镇是第二、第三产业集聚的地方。乡村则是第一产业占绝对优势。城镇土地为城镇居民的工作与生产提供活动空间，土地与城镇经济活动之间是间接联系，主要利用土地的物理特征。乡村的土地则深刻地参与生产的物质与能量循环，与农业经济活动发生直接关系。

社会文化结构的差异。城市居民人口聚集，民族、宗教、文化与职业构成多样；乡村则较为单一。城市拥有众多的学校、科研单位和文艺、体育、娱乐、卫生设施与机构；乡村则较少。城市建筑要求通过并开拓高空和地下空间增加容积率，以容纳较密集的人口；乡村建筑则简单实用，高层建筑较少。城市居民的生活方式基本按上下班时间表作息。城市公共设施、服务业大体可满足居民的日常生活需求；乡村居民的生活方式则具很强的季节性，有农忙农闲之分，生活资料和文化娱乐设施较城市少得多。集镇则是介于二者之间，较为发达的集镇，城市的特征更凸显，较为落后的集镇则农村的特征更突出。

区域中心地位的差异。城市和集镇是多区域范围内的政治、经济、文化中心，在国家的政治、经济生活中占据特殊重要的地位，各种类型、各种级别决策机构的聚集是城镇的一大特色。乡村只是区域聚落体系的最基本单元，不具备中心性地位。

景观的差异。城市景观呈多维多面性，基本是人工构建所成。村、镇景观比较单一，但多为天然自成，具有田园诗意。

关于人居环境建设的理念，基于人居环境的概念及其提出的背景，学界比较一致的看法是，在后工业化时代，构建人居环境应该遵循三大理念：一是追求自然与人文的协调共存。致力于遏制并修复工业化、城市化进程中对城市空间高密度开发、对农村空间无节制索取引发的生态失衡和人们的心理伤害，为优化人们的身心素质提供美好的自然环境与丰富的人文环境。二是要求生活与生产的和谐。既创造安全、方便、舒适的人类可持续生活环境，又要提供充裕的就业机会以及符合社会和公众需求的公共服务设施，生活环境与生产就业之间存在互相兼容而非互相替代的关系。人居环境提供给人们体面而有尊严的生活。三是强调物质满足和精神享受的统一。人居环境建设中，物质与精神的供给可与人们对物质产品、服务和精神生活的需求实现动态均衡。

一般意义上的理想人居环境力求使上述三大理念得以充分表达。我国落实人居环境发展的细化目标则是：以整洁、安静、有序、优美为标准的生态环境营造；以功能再造和历史保护并重的旧居环境改造；以人为中心的人居环境规划和住宅设计；以功能齐全、功效到位为目标的城市基础设施配套系统；以服务于民、造福于民，促进经济社会的可持续发展为目的的综合管理。

改革开放以来，我国采取"压缩型"工业化模式，用短短30多年时间走过西方发达国家花费了二三百年才完成的工业化道路。这种模式在造就了中国的经济奇迹的同时，也在这短时间内给中国城乡社会发展带来了大量问题和矛盾，城市病频发，乡村的"污染下乡"等种种环境问题日益凸显。一方面是人均收入的不断提高，另一方面人们却生活得更加焦虑、紧张；社会群体利益分化且趋于固化，城乡公共空间缺失，社区文化衰败，住房规划、配套设施和城市管理落伍；城市景观"千城一面"，丢掉了城市的个性和传统的文脉，农村山水景观不断被工业化资本蚕食。以上种种无序化、随意化发展形态既是我国快速工业化和城镇化驱动下经济与社会发展失衡的产物，也是资本逻辑演化的工业化进程中人居环境遭受破坏的具体表现。

我国经济快速增长过程中人与环境关系的恶化，日益引发人们对自身生存环境的关切，大幅度改善人居环境的呼声日渐高涨。从微观个体角度看，当前我国优良人居环境的供给不足严重降低了人们生活的幸福感。从宏观国家层面看，党的十六大提出 2020 年"全面建设小康社会"，其中人居环境质量的提高是一项根本性的衡量指标。如今距离 2020 年已为时不远，我国人居环境的治理与建设迫在眉睫。

二　长汀人居环境建设的状况

在水土流失治理成效不断扩大并且不断巩固的基础上，按照现代人居环境建设的一般原理、一般规律来审视长汀人居环境的特质，总结其建设的经验，对于谋划生态家园建设具有先导性的价值。

（一）长汀人居环境的自然人文禀赋

长汀是福建省的西大门，地貌类型以中低山脉和丘陵为主，水资源丰富，水质状况良好，森林覆盖率高，自然禀赋优越。同时，长汀集悠久的历史文化、源远的客家文化、丰富的红色文化于一身，是著名的文化名城，国际友人路易·艾黎曾盛赞其为"中国最美的两座山城"之一。随着困扰长汀多时的水土流失治理日见成效，生态环境日益改善，渐入佳境，最美山城正重回汀州大地。长汀的人居环境建设有着独特的融入自然环境的历史文化禀赋，体现在以下四个方面。

国家级历史文化名城。长汀是 1994 年国务院批准公布的第三批国家历史文化名城，也是福建省四座国家历史文化名城中唯一的县级单位，著名的唐宋古城，至今仍拥有众多唐宋古城遗迹。始建于唐朝的三元阁至今巍峨耸立，同是唐代修建的汀州古城墙经宋明大规模扩建，从卧龙山顶分两路曲折而下，于汀江之滨合拢，如"观音挂珠"点缀汀州城。保留历史建筑风貌的汀州云骧阁、城隍庙、李氏家庙、刘氏家庙、南禅寺等无不透出这个文化小城的历史厚重感。唐代的张九龄宰相，宋代长汀知县、法医鼻祖宋慈，宋代著名诗词大家陆游，民族英雄文天祥，《天工开物》作者宋应星，清代著名大学者纪晓岚等一大批文人雅士都在长汀留下了足迹，写下传世的诗篇和著作，使这座古城的文化能历经千年而不衰。

客家文化的摇篮。人类从远古开始就逐水而居，水文明是人类文明的源头。被喻为客家的"母亲河"的汀江在长汀穿城而过，孕育出灿烂的客家文化，是客家人灵魂的支撑。无数客家人从这里起步，顺着八百里汀江流水漂洋过海，播衍海内外，开拓新的生存空间。汀州作为客家的发源地和大本营，因此成为海内外一亿多客家人认同的"世界客家之首府"。

红色文化之都。长汀是全国著名的革命老区，中国 21 个革命圣地之一，中央苏区时代的"红色小上海"，有着光荣的革命历史，对早期中国革命做出了不可磨灭的贡献。1931 年 9 月长汀城设立汀州市，是我党建党伊始的第一个设市城市，是中央苏区唯一的设市城市。在革命时期长汀曾是福建革命运动的政治、经济、军事、文化中心，是福建苏区首府，被誉为"红色闽都"。我党早期城市工作管理、工商业管理等经验最先在汀州市实践和积累。毛泽东、周恩来、朱德、刘少奇、邓小平等大批老一辈革命家和开国将帅在长汀从事过革命实践。瞿秋白、何叔衡在长汀英勇就义，长汀先后有 2 万多名优秀儿女参加了红军，6700 名长汀籍烈士为中国革命献出了宝贵的生命。这块并不算辽阔的红土地锻造出近 40 名将军，涌现出 13 名共和国开国将军。长汀现存革命文物数量之多、级别之高、保存之好居福建之冠。

丰富多彩的民间艺术。长汀民间艺术秉承中原汉族遗风，融合地方特点，形成独有风格。踩船灯、舞龙灯、打花鼓、高跷、花灯、抬阁、公嫲吹、角子灯、十番、长锣鼓、客家山歌、南词北调、采茶剧、楚剧、汉剧、木偶戏、铁画、竹编、民间剪纸、根雕等深受客家人的喜爱。尤其客家山歌在闽西特有的风格中融和了赣南、粤东等地山歌的特点，是汀州客家文化艺术的结晶，也是长汀最广泛流行的民间音乐。"公嫲吹"也是长汀经典地方艺术的代表之一，由民间艺人相传保留下来。无论是乐曲编排还是吹奏水平都达到了较高的艺术水准。1985 年长汀民间艺人参加福建省曲艺演奏，被评为优秀节目。

长汀利用自身历史文化优势、地方特色加强人文环境建设，打响城市

品牌。1994 年长汀被国务院命名为国家历史文化名城，福建四大名城之
一；2004 年长汀荣膺"中国客家菜之乡""福建省美食名城"称号；2005
年被列入全国重点打造的 12 大红色旅游区之一、30 条红色旅游精品线路
之一以及全国重点打造的 100 个红色旅游经典景区之一；2008 年 1 月，长
汀被评为"中国文化旅游大县"；2012 年，获"中国十大最具人文底蕴古
城古镇"称号；2014 年，长汀县被列为全国首个生态文明示范工程试点
县；2014～2016 年，入选"全国百佳深呼吸小城"；2013 年获得省级生态
县命名，2016 年通过国家生态县验收。城市品牌创建极大推进了长汀的
城市品质和生活品位。

（二）长汀人居环境建设的成效

与近代以来长汀水土流失的记录相比，近年来长汀在治理水土过程
中，人居环境建设所取得的成就，可谓是历史性的。按照人居环境体系构
成的要素衡量，这种成就也是全方位的。

生态环境持续改善。长汀人于 1983 年开启大规模的水土流失治理序
幕，这片红土地上开展的"绿色革命"已经获得重大的阶段性的胜利，自
然环境明显改善：水土流失面积已经从 1985 年的 146.2 万亩减少到 39.6
万亩，2016 年森林覆盖率达 79.8%，比水土流失治理之初的 1986 年提高
了 20 个百分点；森林蓄积量为 1557 万立方米，湿地面积达 3499 公顷；
自然保护区占土地面积的 8.84%；人均绿地面积从 2005 年的 8.26 平方米
提高到 2015 年的 14.88 平方米；根据遥感测算，从 2001～2010 年其增加
的变化趋势非常明显，全县植被盖度均值从 0.7621 增加到了 0.8136，植
被盖度增加了 5.14 个百分点，平均每年增加 0.57 个百分点；2016 年 3 个
汀江干流国家和省控断面水环境质量达标率 100%，城区饮用水源地水质
达标率 100%，全县空气优良天数比例达 97.3%以上。与此同时，生活环
境治理也稳步推进：生活垃圾得到及时有效的收集处理，固定废物处置利
用率由 2014 年的 95%提升至 2015 年的 99.7%，工业废水排放由 2014 年
的 169.3 万吨下降至 2015 年的 93.87 万吨。自然环境是人居环境体系建

设的根本基石，长汀多年来集中人力物力财力用于生态环境中自然环境这一环节的修复，治理水土流失，变生态系统的逆向演替为顺向进展演替，重现历史上汀州绿水青山的美丽风貌，补齐人居环境体系中最根本的自然环境的短板，也为长汀未来在生活环境、经济社会环境、基础设施建设、公共服务等方面建设提供了良好的基础，为"宜居宜业"的长汀人居环境构建提供了可以拓展和规划的空间。

社会经济快速发展。长汀在治理水土流失攻坚战中，谋求生态环境与经济效益和谐共赢，经济社会发展取得长足进步。2016 年全县完成地区生产总值 184.95 亿元，比 1983 年增长了 14 倍；人均 GDP 从 1983 年的 242 元提高到 2016 年的 46124 元。三次产业结构不断优化，三次产业比例由 1983 年的 59.8∶30.5∶9.7 调整到 2016 年的 16.9∶47.0∶36.1。农业比重持续下降，农业劳动生产率不断提升。经济结构的优化带动个体增收，城乡群众的收入得到实实在在的提高。2016 年农村居民和城镇居民人均可支配收入分别达 12766 元、21268 元。在水土流失集中治理取得实质性进展的过程中，长汀县的城镇化发展非常迅速。仅以 2005～2016 年比较，其城镇化水平指标从 31.5% 增加到了 46.5%。经济社会的快速发展，在为人居环境改善提供物质基础的同时，也对人居环境改善提出了急迫的要求。

基础设施持续改善。近年来长汀加大投入，构建城乡一体基础设施体系。赣瑞龙铁路和长汀南站、319 国道"白改黑"、黄屋大桥、梅林大桥等重大交通项目建成投入使用，交通基础设施逐步完善。全县实现村村通公路的目标于 2015 年全部实现。长汀河田至连城文亨高速公路建设前期工作有序开展，进一步拓展镇镇有干线工程，完善乡村公路管护机制，逐步提高通乡通村公路等级，持续推动农村客运线路公交化，加快烟草援建水源工程、水库除险加固、蓄水工程、防洪工程、灌区节水改造、农村饮水安全、农网改造升级、天然气管网等项目建设，进一步完善城乡供水、供气、供电、宽带、数字电视等基础设施建设。

公共服务统筹协调发展。科教文卫等公共服务全面、统筹、平衡、协调发展。实施"教育强县"战略,加大教育基础设施投入,推进教育资源的优化配置,落实薄弱校改造和助学基金会援助项目,通过义务教育基本均衡县省级验收。全县文盲率从 1983～2016 年下降了 10.5 个百分点,大专以上文化程度占比从 1983～2016 年提高了 44.4 个百分点。农村教育投入不断增长,从 1983～2016 年增长了 248 倍,城乡教育均等化水平不断提升。实施文化惠民工程,汀州大剧院、妇女儿童活动中心等一批文化项目相继建成,率先实现全省县、乡(镇)、村广播联播联控。落实各项惠民政策,不断提高被征地农民、城乡居民养老保障、城乡低保、城镇居民医保、新农合筹资、最低工资等标准,及时解决高龄未参保退休职工、应保未保人员及断保人员等困难群众的社会保障难题,社会保障体系不断健全,城乡居民养老保险参保率达 96.87%,农村居民新农合参合率达 99.99%,城镇居民医保实现全覆盖;脱贫攻坚战取得重大战果,贫困人口从 2006 年的 66665 人下降到 2016 年的 20914 人。

(三)构建城乡一体的人居环境

人居环境体系建设以人的发展为中心,旨在实现生态环境与经济社会发展的良性互动。鉴于人居环境在城市、集镇和乡村三个空间尺度上的异质性,在人居环境建设上应该有所区分,应按城区、集镇和村庄三个层次对长汀人居环境做统筹安排,协调推进。

城区人居环境建设。城区包括大同新区、腾飞工业园区、名城保护区、南片区,总面积 16.6 平方公里,居住人口约 16.6 万人。长汀作为历史文化名城,一直致力于古城保护和城市景观环境建设,城区绿地面积逐年增加,人均公共绿地面积达 6.4 平方米,已建成 500 米长滨江龙潭带状公园和客家母亲缘广场。虽然人居环境不断改善,但是在基础设施建设方面依然存在很多问题,城镇生活垃圾回收利用和水资源循环利用方面与国家生态文明县标准还有一定差距。今后长汀县城镇建设重点为古城空间结构和历史街区保护,新建低碳社区和推广绿色交通系统,用生态理念为城市发展注入新活力,为创建生态文明县城打基础。其建设内容包括居住环境、绿色建筑、低碳社区、历史文化名城保护与修复、绿色出行以及噪声污染治理等。其建设目标是，落实城市景观环境建设，保持"三山两水"的城市自然格局，新建各类公园绿地，提高人均公共绿地面积。围绕汀江和城区内外自然景观，开展慢行游憩步道建设，增加市民郊野出行的方式。在中心城区内开展绿色社区试点建设，从居民住宅到各类生活细节，始终贯彻低碳环保的生态理念，推动生态文明县城的创建，推动生态新区建设与老旧住区生态改造。对汀州古城和汀江两岸自然景观实施全面保护，制定四条历史街区、文物古建、古城空间格局和汀江水岸风貌保护措施。提倡绿色出行，推广清洁能源车辆，完善城区内、各组团内外的公交线路，创造方便的交通环境，营造宜居的城市氛围。

"一江两岸"建设再现汀州古韵

汀州城区，一个拥有千年悠久历史的小城，拥有"历史文化名城""客家首府""红色闽都"称号，在岁月的洗礼中沐浴着"传统历史文化"、"客家文化"、"红色文化"和"生态文化"四大文化，也使这座小城充满与生俱来的文化自信。"人文历史"特色无疑成为汀州城区人居环境体系建设的"核心"要义。

这座繁华一时的客家首府在崇山峻岭的包围中，像是做了一个穿越时空的深沉的梦，一梦醒来，汀水依旧，城墙下岸边还有现今的客家人在洗衣洗菜，一如当年的模样。

人文历史景观是一个城市的"灵魂"载体，也是一个城市"硬实力"和"软实力"的展现。汀州城区近年确立"生态宜居与历史文化名城区"的目标定位，以文化为引擎，搭建旅游平台，提升"文化小城"的城市特质，主要从以下四方面打造"古韵汀州"的"城市名片"。

历史文化名城保护建设实施保护性开发，留下"文化之形"。长汀历史名城建设虽然起步较晚，但也具有"后发优势"，能够更好地借鉴吸收其他历史文化名城开发保护的经验和教训，避免破坏性开

图 4 - 1　长汀营背街旧貌：1991 年

发。核心景区自太平桥到汀江大桥，全长 3003.15 米，两岸建筑规划面积 130027 平方米，建筑占地 65754.4 平方米，建筑面积 154646.9 平方米。"一江两岸"景观修复、四大历史街区改造、卧龙书院以及汀州古城墙修复等都遵循"修旧如旧"原则，总投资 60 亿元，原汁原味的古街气息渐浓。长汀历史风貌恢复由政府主导，国有独资企业运营，谨慎规划，节奏放慢，避免过度商业化。

非物质文化遗产活态传承，留下"文化之脉"。深度挖掘汀州历史文化、客家文化、红色文化及生态文化的内涵，讲好汀州的"四个故事"（历史故事、客家故事、革命故事和生态故事），收集、整理、宣传和传承传统文化：整理创新了"客家山歌""客家童谣歌舞""客家十番"等民乐演奏，组建大汀州客家民乐团，编纂客家文化书籍报刊（已出版一年四期的《古韵汀州》综合期刊，正式出版大型画册《大汀州》），建设汀州客家博物馆，正在积极争取"汀州古城墙"加入"中国明清古城墙"世界文化遗产工程申遗项目。

历史名城建设融入汀江生态经济走廊的总体规划，形成"联动式发展"。汀江生态经济走廊以客家母亲河"汀江"为主线，"一江两岸"为纽带形成"自然保护与生态休闲观光区"、"生态宜居城市与历史文化名城保护区"、"稀土工业与工贸发展区"、"小城镇综合改造试点区"、"三洲段水土流失治理与生态文明建设示范区"和"生态保护种植与现代农业示范区"六大板块，辐射和带动周边乡镇的发展。该板块囊括"人、文、地、产、景"五大元素，汀州历史名城建设纳入汀江生态经济走廊的组成部分之一，上下联动，互相衔接，形成合力，整体推进，联动发展。

文化与三次产业对接，形成"融合性发展"。"一江两岸"的景观修复工作正在进行，致力于再现两岸沿江景观、汀江水上航运，四大历史街区保护修复并贯入丰富的商贸业态，集城市休闲、旅游商贸、文化展示、风情体验于一体，打造旅游者与本地人休闲的"城市会客厅"，利用名人、名址、名物丰富旅游资源，聚集人气。长汀特色美食也成为未来可以期待的新的旅游增长点。在文化旅游引领下，本地住宿餐饮、地方土特产、旅游纪念品等市场发展势头喜人，前景乐观，产城融合的态势初步形成。"互联网＋旅游"的时代潮流，进一步推进文化旅游与一、二、三次产业融合性发展。

营销策划更加丰富，海内外目光"聚焦长汀"。除了利用纸媒、电视、互联网等加大宣传之外，长汀的营销策略注重发挥"名人效应"，提升知名度。2013年11月28日成功策划"成龙先生向长汀捐赠古建筑活动暨长汀县国家历史文化名城保护日启动仪式"，引来60家海内外媒体关注，长汀开始步入世界舞台。2014年7月28日成功举办"2014中国长汀国家历史文化名城保护日暨缅怀路易·艾黎先生活动"，路易·艾黎家乡——新西兰首任女总理应邀出席该纪念活动，中国工合国际委员会主席柯马凯先生也应邀出席，长汀小城再次受国内外瞩目。

历史名城建设使这座曾被遗忘的"中国最美的小城"重新焕发独特魅力，多元文化在此汇聚交融，为开拓旅游市场提供了丰富的素材，生态、文化、旅游、产业的融合也为当地老百姓提供增收创业的机会。据测算，以川门城楼为例，川门城楼作为标志性建筑，建成后创造利润 28294.63 万元，上缴税收 7073.66 万元，净利润 20220.98 万元，提供直接就业岗位 200 多个、间接就业岗位 10000 多个。2015 年汀州城区共接待游客 128 万人次，比 2011 年增长 49.2 万，旅游总收入 11.9 亿元，较 2011 年提高 62.8 个百分点。

历史名城建设还带来汀州城区城市规划、建设和管理的全面提升，市容市貌、环境卫生整治成效显著，人居环境包含的"生态环境、经济社会环境、基础设施环境、公共服务环境"四大环境都在历史名城建设进程中得到不同程度的提升。在历史名城建设中初尝实惠的老百姓也对历史名城建设给予了更多的理解支持和配合。

乡镇人居环境建设。长汀县除汀州镇外共有 12 个镇、5 个乡，即濯田镇、大同镇、古城镇、新桥镇、馆前镇、童坊镇、河田镇、南山镇、四都镇、涂坊镇、策武镇、三洲镇，红山乡、羊牯乡、宣成乡、庵杰乡、铁长乡。各乡镇在争创生态乡镇的过程中，努力提高生态环境建设，在汀江流域水环境治理与水源保护、水土流失治理、人居环境建设方面都成就斐然。18 个乡镇中 15 个乡镇获得国家生态乡镇命名，17 个乡镇获得省级生态乡镇命名，可以说人居环境具有良好的基础。但是，城镇污水集中处理率和城镇生活垃圾无害化处理率还有较大的提升空间，在基础设施建设方面略有落后，制约了城镇快速发展。今后的目标重点在于完善综合公园、道路街旁绿地以及居住区和单位绿化建设，打造绿色森林乡镇，从而形成以居住区、街头绿地以及机关单位为点，道路绿化为线，公园广场等大型绿地为面，点线面相结合的绿地系统。同时，应该加强垃圾无公害处理、污水处理等专项建设，争取在较短的时间内实现这两项民生与环境密切相关的污染治理率达到 100%。围绕上述目标，应重点开展生态环境建设、生态环境保护与治理、基础服务设施建设。

河田：新型城镇化战略推进人居环境建设

河田镇，地处长汀东南部，土地总面积275平方公里，其中耕地面积4.26万亩、山地面积34万亩；现辖31个行政村8万余人（其中集镇人口约3万人），是龙岩市人口最多、密度最大的农村乡镇。河田镇区位优势独特，交通便捷畅通，龙长高速、赣龙铁路、国道319线、省道洋万线穿境而过，并设有高速互通、火车客货运站点。2012年2月，被列为省级小城镇综合改革建设试点镇，第一批省级山海协作共建产业园——晋江（长汀）工业园布局河田；2014年，获得国家级生态镇命名；2015年初，被确定为龙岩市"小城市"培育试点。

河田镇近年来探索新型城镇化建设多元路径，农业现代化、工业化、信息化同步推进，城镇化质量与人居环境质量同步提升，硬件和软件建设均取得了不俗的成绩。

生态环境明显改善，水土流失治理红利初显。近三年来河田镇根据不同生态资源状况采取流域治理、网格化治理和梯度治理等不同模式，通过造林绿化、疏林地补植、抚育管护和封禁管护等方法辅以生态护岸治理、水保区间基础设施治理、崩岗治理等工程，实施罗地河等五个小流域综合治理项目，累计完成林草种植2.98万亩、低效林改造2.71万亩，林木抚育3.3万亩、封禁治理9.15万亩、全镇治理面积达90%以上，森林覆盖率达72.39%。

水土治理的成效使河田的生态劣势转换为生态优势，进而转化为生态红利。近年河田镇整合温泉、河田鸡、宗祠街等旅游资源，培育发展生态休闲旅游、温泉养生旅游、客家饮食品鉴及宗祠文化旅游品牌，成为长汀重要的旅游生长点。目前，生态休闲旅游亮点纷呈：东南部的水保科教园、露湖、刘源等乡村游品质提升，游坊青年世纪林杨梅园、蔡坊葡萄园观光采摘项目市场前景看好；西南部的农业观光休闲旅游区建设进展顺利；中部温泉养生旅游有发展潜力。3年来，全镇共接待游客 30 余万人次。

新型城镇化推进经济社会全面进步。河田镇自确立小城市培育试点镇以来，抓住山海协作机遇，开发建设晋江（长汀）工业园区。河田镇的长汀晋江工业园，布局发展"2＋1"产业，设立高端纺织、生物制药和农副产品精深加工等产业区，努力打造科技含量高、功能齐全的生态工业区，实现工业发展与生态环境保护并行。坚持以调优结构倒逼转型升级，改造升级传统轻纺针织产业，引入经纬纺织、金怡丰纺织等大项目，以园区建设促进产业集聚，发挥产业集聚效应，强镇富民。全镇现有工业企业 53 家，其中规模以上企业 8 家，通过工业转移就业，有效减轻了水土流失区农业人口对生态的承载压力，促进了农民增收。

新型城镇化建设的农业现代化催生了新型农业经济业态，规模农业、科技农业、生态农业、特色农业、休闲农业、品牌农业、电商农业等交融发展。河田镇以农业生产规模化、标准化、生态化为方向发展现代农业。加大土地流转规模经营和机械化耕作推广力度，目前，全镇共流转耕地面积 2.3 万亩，占耕地总面积的 53.9%；保有农机具 2408 台（套）；发展农民专业合作社累计 51 家，注册成立了家庭农场 16 户。采取"公司＋合作社＋基地"的模式，涌现万亩优质稻基地、千亩现代烤烟生产基地、千亩板栗园，以及远山现代农业精品园、森辉现代生态养殖示范区等一批现代农业生产基地。新建南塘现代林业示范区、露湖鲜切花基地等花卉苗木基地 1000 多亩，发展远山惠民食用菌、南山下蔬菜、蔡坊葡萄、上修百香果等果树基地 1000 多亩，发展无患子、金花茶、互叶白千层、杨梅、板栗等林下经济作物 6000 多亩。"互联网＋"的电商农业推动了生态农业生产、经营、管理、服务等全产业链改造升级，为生态农业现代化注入新动力。2016 年全镇电商农业的贸易额达 2050 万元。

城乡共建新型城镇化基础设施，改善农村生产生活条件。通过实施城乡道路改造、城乡照明、城乡清洁、城乡景观"四大工程"，加快基础设施项目建设，提升小城市服务功能和承载能力。首条生态景观道路——河田生态景观大道，建成通车；319 国道"白改黑"工程顺利完成；功能完备、配套齐全的国道服务区投入运营，城乡交通实现一体化。集镇低压线路改造和农村电网扩容建设全面完成，集镇及各中心村主要干道夜间照明灯实现全覆盖；开展农村环境连片整治和"两违"综合整治，沿村沿路沿河"彩化""香化"，启动刘源河、朱溪河"一江两岸"9.2 公里生态景观工程，完成罗地河、南墩河生态护岸和河道清淤工程 11.89 公里，自然生态环境持续优化。

坚持"人"的城镇化，城乡公共服务均等化。把群众要求最强烈、需求最迫切的各项民生事业列入小城市建设重要议事日程。全镇推进安全人饮水工程实施完成；垃圾压缩中转站建成使用，镇村增设垃圾收集池和垃圾桶，总投资 5200 万元，日处理量 0.5 万吨的污水处理厂及配套污水收集管网工程已完成管网建设，并投入使用。河田中学办公大楼、中心校多功能教学楼、河田中心幼儿园及河田卫生院医技综合楼竣工投入使用。文教卫生事业的设施条件明显改善。

人居环境建设关注"人"的需求，新型城镇化秉持"以人为本"理念，二者内涵高度一致，人居环境建设可以视作新型城镇化的核心内容。河田镇把握小城镇建设试点镇机遇，以"人"的城镇化道路为指引，将地理特点与人文环境、传统文化与现代文明有机结合，优化镇村空间布局和规划体系，编制覆盖全镇的城乡发展一体化中长期规划，统筹城乡生态、产业、交通、社会事业，以城乡一体化规划推进城乡基础设施同建、经济社会融合、公共服务共享，城乡人居环境全面提升。

村庄人居环境建设。截至 2016 年底，长汀共有 289 个建制村。随着水土流失治理的深化，长汀县全力推进美丽乡村建设。专门成立县宜居环境建设指挥部，由县长任总指挥，设立规划指导组、建设指导组、专家指导组、投资融资组等 4 个工作小组。近年来，聘请规划设计院单位，完成全部 289 个行政村村庄测绘和规划编制，同时通过政府投资、引导带动社会组织投入项目资金及村民投工投劳等形式，撬动社会投资共同建设美丽乡村，2014 ~ 2016 年，全县共建设 58 个美丽乡村，建设总投资 16075 万元，其中省级"以奖代补"资金 4410 万元，镇村自筹及村民投工投劳 11665 万元。其间，长汀按照"布局美、环境美、建筑美、生活美"的"四美"要求，在村落保全前提下，围绕"整治裸房、垃圾治理、污水治理、村道硬化、村庄绿化"五项重点任务，以"五清楚"为标准，分类开展整治建设：分清楚，完成水冲式户厕改造 2000 余户，公路沿线、房屋前摆放垃圾桶 4900 多个，完善垃圾收集转运设施，集中处理生活污水；摆清楚，开展农村环境整治 2.2 万余处计约 12 万平方米，房前屋后、沿村主道生产工具、生活物品堆放清楚、整洁；粉清楚，粉刷、遮挡、装饰裸房 37.3 万多平方米，沿村主道绿化 70 多公里，道路硬化 282 公里；扫清楚，全县 284 个行政村，按每 800 人配备一名保洁员，配备保洁工具，每天清扫、处理垃圾，清理水沟、池塘、河道 129 公里；拆清楚，拆除旧房、裸房 2610 余户 33.7 万多平方米，旱厕 2160 多个，猪圈、鸡圈、牛棚 1.2 万余平方米。在建设美丽乡村的同时，注重培养特色产业，长汀县针对各村的特色，积极培养"一村一品""一村一业"，如古城镇丁黄村、童坊镇彭坊村，利用自然景观的优势，积极引进社会投资，打造休闲旅游，昔日偏僻山村成为旅游村。濯田镇水头村、左拔村，通过美丽乡村建设，努力发展观光农业，共种植蓝莓 1000 亩，休闲采摘形成规模。

美丽乡村的样本：露湖村缩影

走进长汀县河田镇露湖新村，只见溪流环抱中，花木掩映下，一栋栋粉墙黛瓦、飞檐翘角的农家小屋扑入眼帘，一派"景在院中、院在景中"的美丽景象。配套新建的农民文化活动中心、休闲广场、公园绿地、照明路灯等设施，又为这个古朴的村落添上了浓郁的现代宜居气息。村居周边的万亩水保示范林区，无患子、樱花、枫香等阔叶彩化树种漫山遍野，这是河田镇加快推进新一轮水土流失综合治理，发展绿色经济，建设生态家园的一个缩影。

露湖村属河田镇，距集镇 3.5 公里，319 国道穿境而过。全村现辖 8 个自然村，11 个村民小组，502 户 1997 人；有耕地 1455 亩，林地 12423 亩。2008 年 10 月被列为全省第二批社会主义新农村建设"百村示范"试点村。

近年来，露湖村在水土流失治理初见成效的基础上，探索出一条"生态开发"型治理模式，共治理水土流失面积 7818 亩，占水土流失总面积的 86.3%，森林覆盖率达 89.9%。在补齐自然环境短板的同时，露湖村以"美丽乡村"建设为契机，带动生态环境、经济社会、基础设施、公共服务全面进步，成为长汀农村人居环境建设的典型之一。

"生态开发"型治理模式，实现生态保护与生态可持续的有机结合。露湖村运用"草—牧—沼—果（菜）"生态开发治理模式，引专业大户以林畜、林菜等模式发展林下经济，从事立体复合生产经营。林下套种有黄豆、绿肥、黄花菜等经济作物 500 余亩。发展瘦肉型生猪生态养殖示范场，猪场粪便及污水经由沼气池发酵处理，解决养殖场污染问题；产生沼气供给照明、煮饭等家用，解决燃料问题，沼液通过安装的抽浇灌系统定期抽取用于果园果树及林下作物施肥，提高板栗园产量及效益，绿肥等加工成青饲料又可供应猪场养殖，真正实现了"猪—沼—果"模式经济循环相生、协调发展，水土保持综合利用效益得到有效体现。

露湖村已培育建立了 4 个产业基地。大棚鲜切花种植基地，种植规模 120 余亩，已建成钢架大棚和保鲜、包装车间，日收益 4000 元以上。千亩板栗种植基地，总面积 1050 亩，亩净收益达 400 元，并带动农户种植板栗 2600 余亩，增加农民人均收入 1180 元。珍稀苗木种植基地，栽培黑松、玫瑰、楠木、罗汉松等苗木。槟榔芋种植基

1996年原貌

2009年景象

图4-2 露湖村水土流失治理成效前后比较

地，鼓励村民种植槟榔芋，建成湖洋背和大田岗两个百亩以上连片种植区，种植户户均增收2.5万元。

实施"安居工程"，居住环境美化、便利化。"安居工程"涵盖新居、道路建设、照明和农田水利等工程。露湖村至2016年已建成47户客家风格新居，运用"粉墙、黛瓦、坡顶、翘角"等元素对砖混结构房屋进行立面装修，按照"黑瓦、白边、红檐、白墙"对土木结构旧房进行整修。村道立了路灯，贯通2.3公里环山公路水泥路面，农林水利工程完成了850米的环村小溪河道治理和生态护岸建设。

图 4 - 3　美丽乡村——露湖村

实施"宜居工程"，生活环境田园化现代化。规划面积 1818 亩的世纪生态园，发动社会力量种植纪念林，设置公仆林、青年林等 15 个主题园区及 1 个水土保持科教园，成为长汀水土流失区园林绿化代表性精品和水土流失区治理的典范。种植绿化花圃；建成池塘仿古拱桥和仿古廊桥等园林绿化配套景观；人工湖、村民活动中心、活动广场陆续落成，修建篮球场、农家书屋、农民公园等。美化了景观，丰富了村民的日常生活。

美丽乡村建设以"生产发展，生活宽裕，乡风文明，村容整洁，管理民主"为目标，全面关注农村生态、经济、社会、文化，与人居环境体系建设内容相互呼应。露湖村将水土治理与美丽乡村建设相结合，发展生态农业、生态林业，将治山与治穷、发展绿色产业有机结合，取得生态效益和经济社会效益双赢。

三　长汀人居环境建设的经验与思考

生态人居环境是生态文明建设的一项重要内容。长汀人居环境建设从宏观布局到具体场所推进县域生态人居空间的塑造。一方面，立足长汀自然资源、人文资源、游憩资源的分布状况，县域人口的分布情况等，因地制宜地从宏观布局层面进行绿色空间的合理配置；另一方面，依据公众对于生态人居空间的需求与偏好进行具体场所建设，依托自然山水资源与历史人文资源，建设能够满足公众休闲出行、康体活动、度假、郊游、养生、理疗等需要的户外游憩地与自然风景区；依托城乡公共绿地空间，建设能够满足公众日常生活、日常行为与社交、娱乐与健身等需求的林荫停车场、城乡小游园、城市公园、滨水绿地、社区公园、街旁绿地等场所。为长汀的城乡居民提供不同层面与不同功能的绿色福利空间，这既是对长汀以人为本的整体生态功能空间的塑造，也是对长汀人民体验人与自然和谐共生的整体生态感知空间的塑造。

（一）长汀人居环境建设的经验

长汀水土治理过程是从单一的自然环境治理逐步向人居环境体系建设过渡的过程，是从单纯注重硬环境建设转向"软""硬"环境建设并重的过程，治理的内涵、外延及层次在这一进程中不断扩展丰富，单纯的"水土流失治理"概念已不能涵盖当下的治理内容，而应该在更高层次的人居环境体系的视域来审视长汀生态治理的现在与未来。

从城、镇、村的三个人居环境建设案例看，长汀人居环境建设取得一定成效，有着共同的经验。

第一，尊重地域差异。立足城、镇、村不同的区位条件、经济基础、社会环境、资源禀赋以及人文积淀，走差异化的人居环境建设路径。汀州城区经济、自然、生活环境初始条件较好，拥有"小城市，大历史，多文化"独特禀赋，其人居环境建设侧重挖掘文化历史底蕴，走人居环境"品质之路"。河田镇是人口聚集中心镇，有一定的工农产业基础，在人居环境建设中以发展生态产业为支撑，走与新型城镇化建设有机结合的人居环境建设之路。露湖村自然条件差，在水土治理中，探索出"生态开发"型治理模式，实现生态保护与生态可持续的有机结合，并将人居环境体系建设纳入"美丽乡村"建设之中。

第二，坚持规划先行，依"规"建设。找准定位，坚持做好规划先行，以规划为引领，结合区位、交通、文化、生态等资源优势，注意各地的规划与长汀县城市总体规划、县域产业发展规划相衔接配套，融合城、镇、村经济社会发展、土地利用等规划，实现一张图作业。有效避免了建设过程零打碎敲，不成体系。

第三，坚持"以人为本"的原则。将生态治理和生态家园建设作为"民心工程"、"生存工程"、"发展工程"和"基础工程"，把改善生态与改善民生相结合，治理水土流失与发展县域经济相结合，治理荒山与发展特色产业相结合，拓宽群众增收渠道，解决水土流失区群众的生计问题。

第四，坚持"生态优先"原则。遵循自然规律，保护刚刚修复的、仍然较为脆弱的自然环境，注意保留生态特色，在环境治理、产业选择、基础设施建设等方面贯通"生态优先"理念。使人居环境体系建设不偏离"生态""绿色"的轨道。

汀州城区、河田镇和露湖村处于人居环境建设的不同阶段，反映出在人居环境体系建设中不同的初始条件下的梯次培育，也提示实践部门要在清晰把握当地现状的情况下找到自身人居环境体系建设中的着力点。

当然，长汀人居环境体系建设才刚刚起步，其中还存在诸多的制约因素和障碍。

（二）长汀县人居环境建设面临的主要问题

水土流失治理成本边际递增。一是建设任务重，目前全县水土流失治理成功率为69%，尚有39.6万亩水土流失地未开展治理，这些尚未治理的地区大多地处边远山区，交通不便，多为陡坡、深沟，不利于植物生长，种植、管护难。二是巩固难度大，现有林分针叶林多、阔叶林少，纯林多、混交林少，针叶林面积占林分总面积的81%，现有林分亩森林蓄积量仅3.8立方米，林分结构单一、水源涵养能力低、易发生病虫害和火灾，森林资源面临较大的安全隐患；种植的经济林果由于地瘦缺肥，还要继续投入才能见效。三是治理成本高，由于劳动力和人才缺乏，工资、肥料、燃煤、液化气等价格成倍增长，群众砍枝割草当燃料的现象有所反弹，给封山育林工作带来新的压力。

生态治理与经济利益协调难。矿区水土流失治理仍是个难点，治理效果不佳，弃土弃渣所造成的水土流失现象依然存在。但区域内各项建设对采石场又有需求；老果园大都采用顺坡种植和铲除杂草等传统耕作方式，还有近年来发展较快的油茶种植，普遍存在不同程度的水土流失问题。全县需治理的果茶园面积达 8 万余亩，目前主要由农业部门引导业主自主投入，水保资金中未单列专项治理资金，治理效果欠佳；各类建设项目施工造成的短期新增水土流失面积不小，比如西气东输项目仅在河田镇境内全长 24 公里，开挖宽度 30 米，造成的地貌植被破坏面积达 1000 余亩。

生态建设与产业兴百姓富的机制尚欠有机结合。持续开展的水土保持与生态建设已经产生了明显的生态效益，但生态治理区的投资效益相对较差。种养专业户普遍反映近年来农资价格、人工工资等生产成本上升，但生猪、果品价格走低，农产品深加工又比较滞后，经营效益不佳，影响了这些专业大户种养、管护的积极性。又如福建生态公益林补偿标准为 17元/亩，与经营商品林平均年收益 100 元/亩左右的差距较大，影响管护积极性，群众要求调出生态公益林的呼声较高。治理成果的巩固提升还需有体制机制的创新，加大政策和资金支持，加快一、二、三产业融合，创造就业机会，提高百姓收入。

经济实力难以支撑人居环境建设投入。长汀仍为福建省经济欠发达县和需要省财政实行基本财力保障补助的困难县，主导产业规模不大，受宏观经济形势影响，县主导产业纺织、稀土精深加工等行业市场不景气，产品价格严重下滑，出口市场疲软，企业投资积极性不高，发展趋缓。由于综合经济实力尚弱，县财政用于水土流失治理、用于改善人居环境的基础设施投入以及保护传统民间文化等方面的资金有限。

人居"软"环境建设整体滞后。注重水土流失治理和基础设施的硬件投入，但在人居软环境方面，如垃圾处理、公共服务、居住配套、文化休闲、环境绿化、绿色公共空间营造、基于美学的城市面貌和农村风貌呈现等方面建设的关注度仍明显不足。

乡村建设的同质化较突出。休闲旅游被多数乡村纳入产业发展规划，但由于地域较为接近，旅游资源的禀赋相似，各乡村在形式上依然难以摆脱"农家乐""采摘""漂流"等老套的旅游项目，在打造旅游精品和营造绿色文化、红色文化等方面未能形成鲜明的特色。

（三）优化长汀人居环境的思考

人居环境是人们生产、生活、环境三者互动所需物质的和非物质的要素的有机结合体，是一个复杂动态的巨系统，其发展演变和功能转换具有内在规律。但利益驱动、政策影响和人为破坏可能将导致人居环境系统功能逐步衰竭。因此有关人居环境建设的微观机制和路径选择仍需深入研究。

对任何区域、任何主题的研究都不能摆脱其所处的历史阶段。长汀的人居环境的优化也必须放置在其经济社会发展阶段的大背景下考量。长汀属于发展中的欠发达地区，无论是城区还是镇村的人居环境建设，既带有"生存需要、安全第一"的初级经济特征，又的确在向"城镇化、现代化"的方向过渡，但尚未达到现代化的水平。这就决定了作为参与人居环境建设最重要的主体——居民、农户的思想观念和行为特征多呈现传统性与现代性的混合，具有明显的过渡性特征。这种过渡性特征也成为政府实施人居环境建设的前提性的约束。

居民农户的过渡性特征脱胎于其所处的经济社会发展阶段，因此，对居民农户的过渡性特征的分析也适时地反映了长汀经济社会发展状况。从长汀在水土流失治理中建设人居环境的经验，我们不难看到地方政府的部分相关制度设计实际上已经或多或少结合了居民与农户的行为动机，关注到其过渡性发展阶段的特征，如建立和完善了治理承包责任制，落实了分户承包治理管护、联户承包治理管护、统一治理分户管护、集体承包治理、专业队管护等5种治理管护责任制；又如将治理水土流失与发展县域经济相结合，治理荒山与发展特色产业相结合，拓宽群众增收渠道，解决水土流失区群众的生计问题，防止因生计困难导致新一轮的乱砍滥伐；等等。

从历史进程分析看，居民农户的行为动机是处于"传统—现代"的连续体中，至于现阶段处于具体哪一个节点上，则取决于其所置身的历史阶段的市场环境、社会环境、思想意识、文化素质等。

新制度经济学认为，人固然是理性的，但由于受到环境的不确定性以及人本身认知能力有限的双重约束，人的这种理性也只能是有限理性，而不可能是完全理性。同时新制度经济学认为现实人还具有机会主义倾向，追求内在收益和成本外化。基于人的有限理性和机会主义的基本判断，人们往往关注眼前利益、自身利益而忽视甚至无视长远利益、他人利益。故人居环境优化的制度设计应在人的有限理性、机会主义的假设下，充分考虑居民农户的过渡性特征，通过制度塑造人的行为，扩展人的有效理性。

制度可区分为正式制度和非正式制度，前者指有意识建立起来的并正式予以确认的各种制度，包括经济规则、政治规则等，对人而言是一种外在约束；后者则指社会共识、社会习俗、道德规范、思想意识形态等，是非正式约束规则。二者相互补充，通过一系列规则约束人们的行为，界定人们的选择空间，达到降低预期的不确定，减少交易成本的作用。

好的制度需要一个对应配套的实施机制，才能发挥有效的作用。制度执行机制一方面体现在对违规行为的惩戒，使违规成本高于违规收益，使违规者无利可图。制度执行机制的另一方面则是激励，令制度的执行者的收益大于执行成本。因此，制度实质可看做是博弈规则，制度的最终形成则是达成博弈的均衡。这种分析框架可运用于长汀在水土流失治理基础上进行的生态家园建设中，人居环境的优化要在承认人的有限理性和机会主义的前提下，考虑当地居民农户的过渡性特征，权衡相关制度实施成本和制度效益，构建适当的制度框架和制度实施机制。

（四）"宜居长汀"的人居环境体系建设的制度路径

在其他条件既定的情况下，不同的制度逻辑提供不同的行为指向，不同的制度安排产生不同的环境效率。长汀在未来的人居环境体系建设中要着眼构建与优化人居环境相呼应的制度设计，并充分考虑长汀仍属于欠发达地区，居民和农户的具有传统性与现代性混合这一基本特征，通过制度诱因生成人的行为，达成制度设计初衷。具体可以从约束性制度、激励性制度及道德文化制度构建入手。

第一，约束性制度的构建——发挥行政机制作用。

做好人居环境建设的顶层设计，建立"责任清单"。完善长汀生态功能区域分布规划，划定生态环境质量红线，探索损害生态环境惩治赔偿制度，维护前期水土治理成果；制定实施《长汀人居环境体系建设实施细则》，梳理政府在生态环境维护、基础设施建设、经济社会发展及公共服务方面等的"责任清单"，以"责任清单"倒逼政府在人居环境建设方面有所作为，有所不为。

构建人居环境评价机制，接受公众监督。人居环境评价机制一方面有助于各镇区、乡村在人居环境体系建设自我评价并进行对标，找出自身的人居环境体系的短板；另一方面有利于加强公众监督。该评价机制应由客观评价和主观评价组成。客观评价通过构建一套人居环境评价指标实现，主观评价可通过对公众开展满意度调查实现。鉴于客观评价指标的构建更具实际可操作性，政府可以以人居环境客观指标测度数据为主，辅以公众满意度调查，借此评价人居环境建设的总体情况。由于人居环境评价指标体系尚无统一标准，本章综合参考学界的划分标准，结合长汀经济社会条件，考虑数据的科学性、系统性和可得性（尽可能采用官方统计数据能覆盖或稍作处理获取的数据指标），构建多维度的人居环境体系指标体系供政府参考。鉴于城乡的景观、产业、人口规模、结构、经济运行基础、生活行为方式等方面存在诸多不同，人居环境体系建设指标宜依城乡不同分而编之（见表4－1、表4－2）。

表 4 – 1　城区人居环境指标体系

人居环境系统层		人居环境系统指标层	
		一级指标	二级指标
城区	人口系统		死亡率 人口密度 60 岁以上老人占比
	经济系统	经济规模 居民收入 居民消费 经济结构	人均 GDP 人均可支配收入 人均商品零售总额 第三产业占 GDP 比重
	基础设施	交通	人均市区道路面积 百户拥有汽车数
		通信	百户拥有宽带数量 百户拥有固话、移动电话数量
		住房	人均住房面积
	公共服务	生活	每万人拥有公共汽车数量 每万人邮电业务
		教育	万人大学以上文化程度比例
		文化教育	人均图书馆藏书量 文化教育占财政支出比例
		社会安全	居民养老保障覆盖率 居民医疗保障覆盖率 犯罪率
	生态环境	城市生态	建成区绿化覆盖率 人均废水排放量 人均固体废弃物排放量
		环境治理	工业废水排放量 环境治理投资占 GDP 比例 固体废弃物综合利用比率

第二，激励性制度的构建——发挥市场机制作用。

建立生态效益共享机制。当前长汀的生态制度政策是倾向"保护"，严格防止乱砍滥伐，但还没有建立比较完善的生态补偿机制，因此很难完

表 4-2　农村人居环境指标体系

	人居环境系统层	人居环境系统指标层	
		一级指标	二级指标
农村	人口系统		死亡率 人口密度 60 岁以上老人占比
	经济系统	经济规模 农民收入 农民消费 经济结构	人均 GDP 人均纯收入 农村恩格尔系数 现代农业产值占 GDP 比重
	基础设施	交通	通公路的行政村比例 百户拥有摩托车数
		通信	通电话行政村比重 百户拥有宽带数量 百户拥有固话、移动电话数量
		住房	人均住房面积 钢筋混凝土结构面积
		供水供电	通自来水行政村比例 村供电普及率
	公共服务	生活	每万人拥有公共汽车数量 每万人邮电业务
		教育	每百劳动力高中及以上学历比重
		文化教育	人均图书馆藏书量 农村教育经费占财政支出比例
		社会安全	农村养老保障覆盖率 农村医疗保障覆盖率 犯罪率
	生态环境	农村生态	森林覆盖率 人均废水排放量 人均固体废弃物排放量
		环境质量	人均垃圾排放量 每公顷化肥施用量 每公顷农药施用量

全根除破坏林地现象。由于林业种植周期长，村民投入林业积极性也不高。以上现象表明长汀现有制度框架内的林业林地的生态补偿机制、生态效益共享机制尚未形成。汀江实行生态补偿机制的河流虽建立了利益共享机制，但也存在生态补偿不到位的问题，导致水土生态治理的最终效果受到一定程度的影响。生态效益共享机制建立是长汀未来维护水土治理成果的重要制度保障。

探索 PPP 模式①，开展基础设施建设。长汀属于欠发达地区，长期以来基础设施建设欠账较多，这也是制约长汀人居环境建设的主要瓶颈之一，在近期人居环境建设中需要重点解决欠发达地区财力不足的困境。

污水垃圾处理市场化。污水与垃圾处理是人居环境中重要的一环，但也是政府财政负担较重的一环。如今污水与垃圾处理的市场运作已较成熟，各地有很多成功案例。长汀的污水、垃圾处理也可大胆尝试从政府职能中剥离出来，先试行事业管理企业化运营，时机成熟后，逐步实现市场化运作。

绿色金融资本支持人居建设。在鼓励扶持新兴绿色产业方面发挥金融的杠杆作用。金融机构的信贷适度向生态企业倾斜，提供绿色生态企业享有优先发贷机会；激励民间资本进入生态农业产业和生态工业产业。

第三，道德文化制度的构建——发挥社会机制作用。

提升群众在人居环境建设中的主体意识。发动社会、志愿者等力量以各种生动活泼、接地气的形式在群众中宣传生态发展观念。通过宣传长汀水土治理的成就，增强老百姓的自豪感、荣誉感，提高主人翁意识，关注并自觉维护长汀优美的自然人文环境。促进非正式制度发挥正效应。

通过城市社区与乡村社区营造，形成公众参与重大事件决策的机制。将社区作为基层各项公共事务讨论、实施及住户间沟通交流等的"元载体"。在历史建筑、自然风貌、文化文脉的保护，人居环境建设规划等关

---

① PPP 模式，即政府和社会资本合作，是公共基础设施中的一种项目运作模式。PPP 全称为 "Public-Private Partnership"。该模式下，鼓励私营企业、民营资本与政府进行合作，参与公共基础设施的建设。

系到群众利益的公共事务方面，应通过听证制等各种方式减少政府与公众的信息不对称，充分倾听民意，增强政府与社会的互动。

总之，人居环境建设是长汀从水土流失治理走向生态家园的必由之路，在制度设计上要通过约束性制度、激励性制度及道德文化制度，发挥行政机制、市场机制和社会机制作用，形成政府、市场、社会三方合力，最终实现"最美山城、诗意栖居"的理想。

第五章

生态家园的人文涵养：长汀社会与
文化的协同发展

生态文明建设是一个复杂的系统工程，需要充分调动社会上一切可以调动的积极因素来参与。社会体系既是沟通自然体系与政治体系的中介链环，又是独立存在的自组织体系，它相对独立于自然体系和政治体系。生态文明建设的目标不仅是要达到山青水绿、天蓝地美，还要使整个社会形成生态的意识、生态的习惯、生态的生活方式等。山青水绿、天蓝地美只是生态文明的物质层面、外在层面，只有整个社会形成生态的意识、生态的生活习惯以及生态的生活方式，生态文明才真正算是一种"文明形态"，拥有公众对生态文明的认同，社会力量的支持和参与，生态文明才具有可持续性。生态社会与文化体系是建设生态文明、构建生态家园不可或缺的重要方面。

一 社会与文化在生态文明建设中的作用

在生态文明建设中，政府当然应该承担主导的角色，但这并不意味着政府应该承担生态文明建设的所有方面，实际上政府也没有这个能力大包大揽。社会是政府的基础，在生态文明建设中，政府能力也有"尺有所短"的一面，社会也有着"寸有所长"的方面，这就需要在生态文明建设中充分调动社会的积极性。当然，首先要明确政府与社会在生态文明建设中的大致分工。

（一）政府与社会界分的逻辑

政府与社会边界的清晰划分是近代以来的事情，马克思在《论犹太人问题》中指出，"旧社会的性质是怎样的呢？可以用一个词来表述。封建主义。旧的市民社会直接具有政治性质，就是说，市民生活的要素，例如，财产、家庭、劳动方式，已经以领主权、等级和同业公会的形式上升为国家生活的要素。"① 随着近代社会的来临，启蒙思想家们将社会契约的理念灌输给了普罗大众。霍布斯、洛克等人用自然法理论论证政府起源于公民的授权，公共权力来源于公民权利的让渡。公共权力作为人民的仆人只应该做主人委托它做的事情，对于没有委托给它做的私人领域的事情则严禁干涉。与这种理念相对应，规范公共权力的公法的运行规则是"凡是法律没有规定的则都是禁止的"，而规范私人事务的私法的运行规则是"凡是法律没有禁止的则都是允许的"。这是公共权力和私人领域边界明晰的政治哲学逻辑，这一逻辑随着启蒙的深入逐渐成为人们的日常理念。

现代性的一个重要表现就是，政府负责提供公共产品，市场提供私人物品，二者边界泾渭分明。市场提供私人物品，无法提供公共产品，但是在提供公共物品的时候政府也有其力所不逮之处，政府在提供公共物品方面存在"失灵之处"。不仅政府提供公共产品存在失灵之处，市场提供私人物品也存在失灵之处，对于那些有需求但市场主体却无利可图的产品，市场是不会提供的。这些"失灵"之处正是社会组织存在的合理性所在。社会组织能够弥补这些"失灵"，在政府人力物力有限，无法提供充足的公共产品的时候，社会组织可以辅助政府提供公共产品；而对于那些不能带来充足经济效益、市场不愿意提供的私人物品，社会组织则可以提供，

① 《马克思恩格斯全集》第3卷，人民出版社，2002，第186页。

比如慈善组织就是提供这样的私人物品的组织。这就是政府、市场和社会之间的边界与关系。

（二）生态文明建设中政府与社会之间的分工

良好的生态环境是一种公共产品，市场不可能直接提供。政府在生态文明建设中发挥主导性的作用，但政府在生态文明建设中也不可能事事包揽，也有许多力所不逮的"失灵之处"，这就需要充分发挥社会组织的作用。生态文明建设应该做好政府与社会的分工，政府做好它应该做的，对于那些它做不好的，也不应该由它来做的事情，就应该交付社会来做。政府作掌舵人，让社会作划桨人。

政府应该充当好掌舵人的角色。尤其是在生态文明建设的规划制定、绿色发展的理念引导、生态环境立法执法等方面应该充分发挥好它应该发挥的作用。发展规划、顶层设计涉及生态文明建设的全局和大方向，如果大的发展方向正确了，局部发展即便出现了一些问题也是小问题，只要采取有效措施，就能较为容易地扭转过来。但如果发展规划、顶层设计出了问题，整个发展方向、发展道路出现了问题，那就是涉及全局的大问题，要想扭转这些大问题就需要耗费大量的社会能量。生态文明建设尤其需要对发展规划层面的关注，因为生态环境在一定程度上具有不可逆性，生态修复不可能在短期内恢复到原来的状态。因此，在社会发展规划层面对生态环境给予充分的关注是政府最基本的职能之一。发展理念也是一个近乎"顶层设计"的问题，曾经有一段时间，一些地方政府片面追求GDP，而罔顾生态环境问题，这些地区经济倒是上去了，但空气污染、水污染、土壤污染等问题成了制约该地区健康和谐的瓶颈，这种发展得不偿失。这是发展理念上的失误，生态文明建设应该把绿色发展的理念作为最基本的发展理念贯穿于各级政府制定方针政策的全过程。立法执法是生态文明建设的基本保障，把保护生态环境的理念上升为国家法律和人民意志，严惩那些为了一己私利而破坏生态环境的行为，乃是生态文明建设的强力后盾。

　　社会是生态文明建设的重要力量，是政府作用的有益补充。生态文明本身就是一个公共产品，社会分担生态文明建设的动力来源于人们的社会责任意识和公共精神的觉醒。随着温饱问题逐渐不再成为社会问题，人们的社会责任意识和公共精神逐渐觉醒，公共层面的问题逐渐成为人们关注的焦点。每一个人能够用来为公益事业增砖添瓦的时间和精力可能有限，但每个人的这一微薄的力量可以整合成一支强大的社会力量。社会力量分担生态文明建设的角色优点和长处在于：第一，培育生态的意识观念、生活方式、生活习惯。生态文明当然需要山青水绿天蓝，但这只是生态文明建设的一个层次，生态文明建设更需要整个社会形成敬畏自然、爱护环境、维护生态的观念、意识以及生活方式、生活习惯。在这方面，政府存在"尺有所短"之处，而社会力量，尤其是一些社会组织则有其"寸有所长"之处。政府的行政手段在社会的生活习惯、生活方式培育上无法充分发挥作用，而社会组织则更加贴近社会，可以通过媒体宣传，甚至举办讲座、开办培训班、出版通俗读物等方式宣传生态文明理念，引导人们形成生态文明的生活方式、生活习惯。第二，监督各级政府及各主体对生态文明建设的落实情况。政府对生态的监管所面临的是多数，而且政府的监管更多的是事后监管，出了问题才监管。相对而言，社会力量更加了解社会，对一些企业出现的问题能够及时发现，及时通过新媒体等方式进行曝光，同时，各种社会组织可以通过乡规民约、民间协调等软约束方式来有效地规约人们的思想和行为，使之在生态文明的阈值和方向上而行。所以，在生态文明的社会监督等方面，社会力量有着政府部门所无法企及的优势。

（三）生态社会与文化体系是生态文明建设的重要方面

　　在生态文明建设中，政府更多地负责大政方针、顶层设计、立法执法等宏观方面；市场以追求利益最大化为基本原则，如果不能够满足它的逐利需求，它是不会主动推动生态文明建设的，要想调动市场在生态文明建设中的积极性，就要充分利用市场逐利的本性，比如发展生态产业既能促进生态文明，又能满足市场的逐利需求；生态社会与文化体系建设是生态文明建设的重要方面。市场的逐利原则决定了它甚至有可能成为破坏生态环境的始作俑者，社会系统则不以逐利为基本原则，而是将社会责任作为自己的首要宗旨，在这点上，社会规避了市场的唯利是图特性，而且还有可能成为监督市场对环保政策执行情况的重要力量。社会系统可以把零散的社会力量整合起来，汇集成生态文明建设的积极力量，弥补政府的不足。生态文明建设蕴含着绿色发展的理念、生态意识的培育、生态习惯的倡导等生态文化建设，绿色发展需要绿色"心灵"的涵养，才有厚实的发展底气和可持续的生命力。

二 长汀生态文明建设的多主体参与

生态文明建设是国家发展的重大战略，需要整合各个方面的社会力量，发挥多主体参与机制的积极作用，共同推进这一战略的实现。党的十八届三中全会强调改进社会治理方式，要"加强党委领导，发挥政府主导作用，鼓励和支持社会各方面参与，实现政府治理和社会自我调节、居民自治良性互动"。社会治理如此，生态环境治理也是这样。环境治理、生态文明建设是一个浩大工程，党委领导和政府主导是主要的方面，但这并没有否定调动社会各方力量参与的积极意义，只有充分调动各种社会力量、健全多主体参与机制，才能够把生态文明建设真正落到实处。长汀县水土流失治理的主要经验之一就是实现了多主体的参与机制，在向生态家园建设迈进的实践中，整合社会多主体力量的参与使生态家园建设有了厚实的根基和持续推进的动力。

长汀县在生态治理的实践中，探索出一套"党政主导、群众主体、社会参与、多策并举、以人为本、持之以恒"的水土流失治理经验。在党委和政府的主导下，坚持"谁治理，谁受益"的原则，充分调动群众参与治理的积极性和创造性，组织人民群众积极承包治理，培育农村专业合作社、专业协会、种植大户等投入水土流失区的治理和开发领域，走出了一条水土流失治理的群众路线、社会路线。长汀县充分发挥人民政协和工会、共青团、妇联、工商联等群团组织以及社会组织的积极作用，引导更多的社会人才参与到水土流失治理的实践中来。通过制定一系列的优惠政策，建立和完善水土流失区治理开发的体制机制和多元化投入机制，允许治理开发成果继承、转让，鼓励、引导、支持社会力量参与水土流失治理，让参与治理的开发者放心大胆地投入资金去治理水土流失。

（一）发动群众力量参与水土流失治理

历史是人民群众创造的，群众的力量是无穷无尽的。长汀治理水土流失走的就是群众路线，依靠群众，调动人民群众的积极性。政府发放燃料补贴，解决了人民群众生活的实际困难，人民群众积极配合政府，投入治理水土流失工作中。长汀治理水土流失，实际上打的是一场人民战争，全民动员，人人上水土流失治理的"战场"，有钱出钱，有力出力。这在早期大规模水土流失治理中发挥得淋漓尽致。新中国成立以后，长汀多次发起大规模的植树造林群众运动。如20世纪50年代初期的"家家造林，人人植树"运动，从1952年起，开展以"自采、自育、自造"为主题的植树运动，自己采集树种，自己培育苗木，自己营造林木，进一步掀起造林的热潮。60年代治理工作采用短期突击与长期养护的办法治理水土，所取得的重大成效，是在广泛发动群众基础上引入专业力量通力合作的结果。改革开放初期，长汀县决定在河田搞一个千亩茶果场做试点，县里的指挥部就设在河田。茶果场战役一拉开，2000多名民工到河田安营扎寨，搬山填壑，整个河田都沸腾起来。从1981年开始，在河田又先后进行了"八十里河小流域治理"、"水东坊水土保持试验"、"赤岭示范场综合治理"、"刘源河水土保持治理"和"罗地以草促林试验治理"等治理水土流失的五大战役。每一次战役都得到广大群众的支持，群众是主力军，民工们吃大苦，流大汗，却毫无怨言。

罗地村的群众性治理试验

20世纪80年代初，发动大规模的群众运动治理水土流失，成为当时长汀大地上一道激动人心的"风景"。1983年罗地村进行以草促林治理的试验。群众大力支持，开了3公里便道，每天千人上阵，分为32个班组，每班30人。在3388亩试验区域拉开序幕，要求全垦深翻20厘米。那场面真是壮观，漫山遍野，人头攒动，大有改天换地之气势。罗地村人把它当成特大喜事，开工的时候，时任村支部书记的叶森应，点燃了长长的鞭炮，以示庆祝，鼓舞士气。

在整个深翻山土的过程中，人们意气风发，干群同心同德，指挥部设在山上，伙食也办在山上。为支援罗地人的治理水土流失战役，县城的人们也行动起来了，凡是有车的单位，都大力支援，用本单位的车为罗地村送一车生活垃圾，保证每亩山地能下一吨垃圾做基肥。

（二）引入社会资本参与生态家园建设

社会资本的适时介入是长汀水土流失治理的基本经验，也是生态家园建设的必然要求。长汀县按照"谁投资、谁经营、谁受益"的政策，吸引社会资金和群众投入水土流失治理中。长汀县三洲镇曾是水土流失严重的地区，如今则由昔日的"火焰山"变为"花果山"。种植杨梅成为实现水土流失综合治理、整体生态保护、改善人民生活相结合的重要途径。三洲镇引进浙江商人的先进种植技术、深厚的杨梅文化内涵、精深加工产业链，来创建杨梅产业生态园。为了加快土地规模化经营步伐，实现以政府或大中型企业为主导的产业格局，三洲采取了"政府为主"或"公司＋大户＋农户"的形式，实行股份制家庭农场等方式进行经营，共同承担盈亏，促进生态农业增效。让群众在水土流失治理中获得利益，实现"百姓富"与"生态美"的双赢。庵杰乡引进龙岩工发集团，合作成立"汀江源旅游发展有限公司"，建设"天下客家第一漂"生态漂流项目。采取公司管理，市场化运作机制，使偏僻的小山村热闹了起来，农民出售各种土特产，开办农家乐，开发绿色健康、高洁清雅的"龙门三宝"旅游产品（红茶、绿笋、白莲子）。这样既保护了青山绿水，又促进了农民增收。

2012 年以来，长汀县林业部门引进社会资本参与发展针阔混交林，中石油在河田镇露湖村投资 4000 万元建设了万亩水保生态示范林，引种枫香、木荷、楠木等乡土阔叶树种，过去裸露的荒山如今已发展成当地的休闲公园。目前，长汀县已引进 60 多家企业和个人参与水土流失治理，发展林下经济，推动生态家园的建设。

（三）培育专业化的社会合作组织助推生态家园建设

生态公益林是生态保护的红线，不能砍伐。老百姓面对大面积的生态保护林却过着穷日子，这样的生态保护缺乏长效机制。为此，长汀许多乡镇着力发挥专业合作社的积极作用，着力发展林下经济。这是解决上述矛盾的一条有效途径。以四都镇为例，通过各种专业合作社发展林下经济，已经成为该镇生态家园建设的支撑项目之一。通过各种专业合作社，开展林禽、林菌、林花（花卉苗木）、林蜂（养蜂）、林游（森林旅游）、林乐（农家乐）、林药（中药材）等林下经济，产值高达 2.05 亿元。让人民群众在生态保护中获得好处。林下经济不仅保护了林业生态，还让老百姓在保护生态的同时实现增收，是生态和生活的有机统一。农业合作社还在新技术开发和推广、土特产营销宣传、资金的整合和充分利用等方面发挥重要的作用。

社会合作助推绿色发展——四都镇的实践

合作社是自愿联合起来进行合作生产、合作经营的一种社会合作组织形式。近年来长汀县通过社会力量的自愿的组织和联合，成立了许多专业合作社，这些社会合作组织对绿色经济发展起了示范和推动作用。

长汀县四都镇是著名的革命老区，具有深厚的红色文化底蕴，是当年红四军入闽的第一站，毛泽东、刘少奇、朱德、叶剑英、何叔衡、谭震林、邓子恢、张鼎丞、杨成武等老一辈无产阶级革命家都曾在此进行过革命活动。四都镇虽然林业资源丰富，但大多数的林木是在生态红线之内的禁砍林木。发展林下经济，成为四都镇绿色发展的一个主要方向。由农民个体或者以合作社的方式开展的林下经济在四都发展迅速，收效良好，既维护、促进了山林生态，也促进了农民增收。过去，山区群众守着"金山、银山"过穷日子，今天，林下经济盘活了"金山、银山"的资产，实现了百姓富和生态美的有机结合。

林下养殖河田鸡合作社。河田鸡是长汀的特产，林下养殖河田鸡对于鸡和林都有好处。鸡养在山林里，除了喂点玉米、稻谷等原粮外，就地吃野虫野草，是名副其实的"生态鸡"，产出的鸡蛋也是"生态鸡蛋"。山林养鸡养殖成本低，且由于养殖密度低，运动量大，鸡得病少，成活率高。山上野草丰富，鸡啄食野草野虫，节省了原粮消耗。山林养了鸡，基本不用除草，鸡除草，又不用使用化肥，鸡粪是最好的有机肥，鸡觅食天然，林地也变得肥沃。林下养殖可谓一举多得，既保护了山林生态又富了一方百姓。四都镇养殖的河田鸡是外观最漂亮、品质最好的河田鸡之一。在雨溪村村民廖观水生的百亩竹林基地，一群群河田鸡觅食正欢。据廖观水生介绍，这片林子是他2006年通过林权制度改革流转得来的，面积102亩，种植竹林32亩，高品质杉木林70亩，建有鸡舍9个，2013年产河田鸡3万余只。目前四都林下河田鸡养殖达100多户，其中年出栏2万只以上的专业户有十多户，年产河田鸡近100万只，年产值3400多万元，年利润500多万元。

林下养植兰花合作社。兰花是高档名贵花卉，四都是长汀兰花的原产地。近年来，四都镇充分发挥生态资源优势，加大新型林下经济产业的扶持力度，尤其重视引导发挥合作社的积极作用，把林下种植兰花作为发展镇域经济的增长点。2013年成立了长汀县元仕花卉专业合作社，有社员112人，带动周边濯田、红山、古城、策武、三洲、河田等六个乡镇200多户群众发展种植兰花，合作社为花农提供生产服务、销售服务、科技服务、信息咨询服务平台，采取"合作

社 + 农户 + 市场"的"产、供、销"一条龙经营模式，实现了优势互补、资源共享、共同致富。合作社社长廖炎士利用生态资源，先行先试，大胆创新，在同仁村神堂背租赁山场林下种植兰花 100 亩，山下大棚种植兰花 50 亩，种植的兰花有建兰、四季兰、春兰、墨兰、洋兰、杂交兰等 80 多个品种，共 50 多万株。廖炎士告诉我们，林下经济属于绿色循环、可持续发展的经济模式，兰花在松林野生环境下，非常适合生长，自然分蘖发芽率高，病虫害少、抗逆性强，一亩地能种 3000～5000 盆，每盆种 3～5 株，每盆每年新增 4～6 株，每株 5～10 元，每亩林下兰花产值 10.5 万～17.5 万元，纯收入 6 万～10 万元。而且，在天然松树林下种植兰花，松针含有天然杀菌成分，落下的树叶是天然的有机肥，兰花不用打药施肥，长势茁壮，松枝还是天然的"遮阳网"，正好适应了兰花喜阴的习性。林下种植的兰花具有原生态、抗病强、成本低、开花香等特点，深受大众喜爱。2015 年 1 月，在龙岩市第三届茶王、花王、树王、竹王、茶艺表演暨农产品展销会上，元仕花卉专业合作社选送的春兰——大唐盛世，摘得国兰类"花王"桂冠。

（四）推进基层自治保障生态家园建设

我国的基层群众自治制度，是指城乡居民群众以相关法律法规政策为依据，在城乡基层党组织领导下，在居住地范围内，依托基层群众自治组织，直接行使民主选举、民主决策、民主管理和民主监督等权利，实行自我管理、自我服务、自我教育、自我监督的制度与实践。基层群众自治是人民当家做主最有效、最广泛的途径。对水土流失区群众来说，水土流失治理与生态家园建设是关系每家每户切身利益的大事。按照"水土保持、人人有责"的理念，充分发挥基层群众自治组织的作用，在水土保持与生态家园建设中实现基层群众的自我管理、自我服务、自我教育、自我监督，是"长汀经验"的重要内容。在长期的实践中，当地基层群众或者按照风俗习惯，自觉划定和管护风水林，或者制定村规民约，管住乱砍滥伐的"炼山"活动，为保护山林营造了良好的社会氛围。在新世纪新阶段，随着水保工作取得长足进步，村民自治功能还延伸到维护村容村貌、垃圾处理、培育文明生态观念等方面，在长汀的生态家园建设中发挥着越来越重要的作用。

乡规民约保障生态家园——南坑村的经验

村民自治是乡村社会建设的重要方面，有效的乡规民约在村民自治过程中发挥着重要作用。乡规民约是乡村社会组织力量根据乡村社会治理和社会发展的需要，通过沟通和协调而制定的对社会成员的行为具有约束力的行为规范。保护生态环境，推动美丽乡村建设是长汀县大多数乡规民约的重要内容。

长汀县策武镇南坑村全村 266 户 1148 人，耕地 853 亩、山地 12467 亩。先后荣获"全国文明村""全国创建文明村镇工作先进村镇""全国民主法治示范村""全国科普惠农兴村先进单位""龙岩市卫生村"等荣誉称号，是龙岩市新农村建设示范村和美丽乡村建设试点村，被列为"十全十美"乡村旅游基地。近年来，南坑村以提高群众生态环境保护意识为核心，充分发挥村规民约作用，制定了水土流失治理、封山育林、森林防火等村规民约，引导群众改变思想观念，推进水土流失治理。

南坑村在乡规民约中体现和引导村民开展各种生态文明建设活动：

1. 水土流失治理和封山育林。一是在乡规民约中规定村主干道沿线、水库、村庄周围第一重山和生态公益林实行全面封山育林。二是禁止在封禁区内打枝、割草、采割松脂、采伐林木，若有违反，打枝者没收工具，并处每枝 10 元的罚款；割草者没收工具，并处每担 30~50 元的罚款；采割松脂者按所采伐林木价值的 1~3 倍罚款。三是推行改燃节柴，禁烧柴片，严禁无证运输、贩运柴片。违者没收柴片并每担罚款 30～50 元或每吨罚款 1000 元。四是禁止毁林开垦、采石、采沙、采土、采矿、建坟等破坏林木、林地行为。违者责令停止违法行为，补种毁坏株数 1～3 倍的树木，并处毁坏林木价值 1～5 倍的罚款，情节严重的，移送司法机关追究法律责任。五是公益事业或村民因建房、修水利、修路及其他生产生活确需砍伐林木的，应提出书面申请，经村委会签署意见送镇林业站审核，报镇政府批准后办理林木采伐许可证，按采伐许可证指定的山场砍伐，严禁未批先砍，违者没收木材，并按木材价值的 2～5 倍罚款，构成犯罪的移送司法机关处理。

图 5-1　南坑村村貌

2. 森林防火。一是在森林防火期内，禁止一切野外用火。二是凡村民在林区及林缘周围需野外用火的，应向当地村委会提出申请，报镇防火指挥部和县森林防火指挥部审批后，实行计划烧除。三是在禁止野外用火命令发布期间对违章用火者一律书写悔过书、敲铜锣，并处 1000～10000 元的罚款，情节严重的，依法移送司法机关追究法律责任。

3. 宜居环境建设。一是体现建设宜居环境的要求。落实"门前三包""院内自治"责任制，开展"脏、乱、差"专项整治行动。针对村庄路面垃圾、溪河漂浮物、周边的垃圾死角，开展家园清洁行动，杜绝村庄"脏、乱、差"现象。南坑村购置垃圾清运车辆，增设垃圾箱，建设垃圾池，形成了"户定点、村收集、乡转运"的垃圾一体化处理模式。开展爱国卫生运动，开展卫生健康知识宣传学习，使村民健康知识知晓率达到96%以上。建立健全环境卫生整治长效机制，制定发放了《策武镇南坑村环境卫生村规民约》，培养村民养成良好的环境卫生习惯。二是建设美丽乡村。坚持"因地制宜、经济实用、打造特色"的原则，融入客家元素，不搞"大拆大建"，在尊重原貌的基础上进行改造，全村建设30个美丽乡村亮点，实现新旧搭配合理、错落有致，打造独具客家特色的美丽乡村典范。三是建设文明新村。深入开展以"讲文明、树新风"为主题的道德实践和农村精神文明"十在农家"、"十不"宣传教育等创建活动。组织开展村级道德模范、星级文明户、"五好家庭"评选活动，每年各评选10个群众认可的勤劳致富的村劳动模范和村级道德模范，引导村民树立健康向上的生活风尚，形成了建设文明新村的浓厚氛围。

南坑村制定村规民约，充分尊重民意，初稿发到每家每户充分征求意见，之后进行修改，然后再发到每家每户，来回好几次最终才定稿。村支书沈藤香认为，只有得到了大家的认同，村规民约才不会形同虚设。南坑村的有关生态文明村规民约体现了当地对违约行为惩罚的惯例和做法，也更容易得到村民的认同。如村规民约按照以往形成的惯例规定，对破坏生态环境的人员进行的惩罚是放电影或者杀猪，违规破坏生态环境的人要花钱在全村放一场电影，放电影前要通过麦克风检讨自己的错误；或者违规者要杀一头自家养的猪，把猪肉分给村里的每家每户，送肉过程既是一种惩罚，也是一种宣传和教育。

三　构建生态文化支撑生态家园建设

生态文化是人们在认识和处理人与自然环境关系中形成的关于人尊重与敬畏自然、对自然资源进行合理的摄取利用、对自然资源和环境进行保护涵养、人与自然和谐共生的经验、知识、价值观念、思维方式、生活方式和发展方式，它积淀为社会公众的生态意识，体现在相应的制度规则、伦理规范和风俗习惯中，是生态文明的文化表征。构建生态家园，不仅要保护生态环境，使得天蓝、水清、地绿，还要建设生态文化，养成美丽的心灵。《中共中央　国务院关于加快推进生态文明建设的意见》中也专辟一部分，强调"加快形成推进生态文明建设的良好风尚"，其中特别强调要"提高全民生态文明意识""培育绿色生活方式""鼓励公众积极参与"①。生态家园需要生态文化的涵养，要按照生态文化的形态着力构建生态文化体系。生态文化体系包括精神形态、物质形态与制度形态。生态文化的建设要求人们从精神形态上转变思维方式，在全民全社会树立生态价值观、伦理道德和行为规范，充分体现人文关怀，形成良好的社会氛围；从物质形态上改变传统的生产方式、生活方式和消费方式，把开发、利用和保护三者统一起来；从制度形态上强化生态法律法规和政策制度建设，规范、约束人们和社会团体的行为，实现人与自然和谐共存。②

长汀县在长期的水土流失治理实践中以及在不断深化推进生态家园建设实践中，始终自觉地把生态文化建设作为其题中应有之义。

（一）构筑长汀生态文化精神气韵

在长期的治山治水实践中，长汀人民不仅"探索了一条山区老区以生态修复与重建促进经济社会可持续发展，以经济社会平稳较快发展支持环境保护和生态建设的县域生态文明建设路子"，而且涵养了"滴水穿石，人一我十"的"长汀精神"。长汀精神是长汀人民深入实践科学发展观和积极探索生态文明建设路径的宝贵财富。

滴水穿石的精神。"滴水穿石"的精神内涵，第一，在于它的"专"。滴水始终对准的是一个目标；第二，在于它的"自信"，任何一滴水都不

① 《中共中央国务院关于加快推进生态文明建设的意见》，人民出版社，2015，第24～26页。
② 蔡登谷：《生态文化体系建设的内容》，《中国林业》2007年第14期。

因为自己力量的弱小而妄自菲薄;第三,在于它的"恒",它持之以恒地在做一件事。所谓"滴水穿石",长汀的水土流失治理、环境保护与生态家园建设不是一蹴而就的,而是一项长期性的基础性事业,它需要建设者要像能穿石的"滴水"那样"专注"、"自信"与具有"恒心"。在中国建设社会主义生态文明,它不仅关系到国家的未来、民族的复兴,而且关系到子孙万代的可持续发展,需要全体人民充分发扬不畏艰险、坚韧不拔、持续推进、常抓不懈、持之以恒、锲而不舍、永不停顿的进取精神,坚定科学发展的理念,长久不懈地把生态文明建设坚持下去,为经济社会的可持续发展构筑起良好的生态支撑体系。为此,要坚决摒弃那种急功近利、为了一时的发展而破坏生态环境的错误做法,始终不渝地推进生态建设和环境保护,建设和谐、绿色、幸福的生态家园。"滴水穿石"的精神是长汀水土流失治理与生态家园能够数十年如一日地持续推进并取得显著成效的精神动力,它充分展示出了长汀人民谋生存、求发展的自强个性,充分体现出了长汀人民治理水土流失、重建生态家园的敢于打拼的顽强精神。这种精神个性发源于客家先民的勤劳勇敢、坚忍不拔的精神气质。

"人一我十"的精神。这是长汀在水土流失治理的条件异常艰苦的情况下,需要有持续的投入和加倍的努力付出的精神写照。长汀曾经是我国南方丘陵红壤水土流失最严重的县域,生态环境极其脆弱。与其他水土流失区相比,无论是治理的周期还是治理的难度,都要来得长、来得大。他人仅需一分的投入,长汀则需要十分的投入;他人仅需一倍的付出,长汀则需要十倍的付出。水土流失治理是一项庞大的系统工程,生态文明建设是永无止境的目标追求,需要投入大量的、持续不断的人力、物力、财力、科技力,需要一代又一代的人们付出十倍乃至百倍的努力,是用心血浇铸的宏大事业,体现的是一种同心协力、艰苦创业、奋斗不息的精神境界。同时,"人一我十"要立足于做,加倍地用心去做好水土保持工作,体现的是一种实干精神,一种敢于探索、攻坚克难、永不退缩、永不服输、勇于付出的奉献精神。总之,以"滴水穿石,人一我十"为核心的长汀精神特别讲实干、特别讲付出、特别讲自然生态环境的保护、特别讲绿色发展，是推进长汀水土流失治理和生态县建设的精神内核。

（二）涵养生态家园文化品质

在从水土流失治理到生态家园建设的过程中，长汀党委政府不断提升生态文化自觉，把生态经济与生态文化有机结合，提升生态家园建设的品位。2013 年以来，长汀县委、县政府以创建全国生态文明示范县为抓手，提出了规划建设以汀江为主线，"一江两岸"为纽带的汀江生态经济走廊，以汀江河流屏障建设，统筹城乡发展为主题，加强生态农业、生态工业、生态旅游、生态保护、生态人居以及基础设施建设，实现规划区生态文明建设与经济社会发展同步的目标，将长汀建设成为"看得见山、看得见水，记得住乡愁"的美丽家园和全国生态文明建设示范区。

汀江生态经济走廊深入挖掘长汀历史、客家、红色、生态文化底蕴，科学布局，合理规划，沿汀江自上而下着力打造庵杰至新桥段自然保护与生态休闲观光区、大同至汀州段生态宜居城市与历史文化名城保护区、策武段稀土工业与工贸发展区、河田段省级小城镇综合改革试点区、三洲段水土保持与生态文明示范区、濯田至羊牯段生态种植与现代农业示范区等六大功能板块。在生态家园规划和建设中涵贯着绿色发展的理念和长汀生态文化的特质。在贯彻国家新型城镇化战略的过程中，长汀注重弘扬其悠久的历史文化、厚重的客家文化、丰富的红色文化以及独特的生态文化，制定《长汀县文化传承融入新型城镇化试点方案》，把文化元素融入新型城镇化建设之中，为生态家园建设植入浓厚的文化底蕴，文化与人居浑然一体，力图再现"最美山城"的图景。这种思路在省内独树一帜。

长汀县文化传承融入新型城镇化试点方案（节选）

根据长汀县独特的文化优势，深入挖掘其历史文化、客家文化、红色文化、生态文化的内涵，创建有历史记忆、文化脉络、地域风貌、民族特点的美丽城镇风貌，在更高的起点上打造"长汀经验"升级版。按照一年建立保护体系完善规划、三年全推进、五年见成效的"135 行动计划"，明确阶段任务，分解实施项目，落实保障措施，力求每个阶段都有新成绩。第一阶段到 2017 年底，建立文化传承和保护体系并进一步完善保护规划体系，深入挖掘文化资源，建立"历史文化名城→历史文化街区→历史文化名村（传统村落、美丽乡村）→文物保护单位和历史建筑（古民居）"四大层次保护体系，明确各层次的保护项目并做出计划安排。第二阶段到 2018 年，文化传承工作全面推进。新型城镇化工作进入实质性阶段，城镇化率达 51%。第三阶段到 2020 年，基本实现文化传承融入新型城镇化试点目标，即基本构建以历史文化名城为核心的长汀特色文化体系，城镇化率达 53%，形成"一座国家历史文化名城—多个国家或省级历史文化街区—一批国家历史文化名村、传统村落和特色鲜明的美丽乡村—众多有故事的文物保护单位和历史建筑（古民居）"的文化传承体系。围绕上述阶段目标重点完成以下任务。

完善规划编制体系

一是对传统村落按国家级、省级、市级、县级进行分类指导并出台保护管理规定，对美丽乡村按照文化传承型、生态保护型、产业特色型、综合发展型进行分类指导；二是完成历史文化名城保护规划，完善古城核心区的城市设计，梳理古城"佛挂珠"的山水格局，逐步恢复"十门九锁"的城墙节点，探索具有长汀特色的名城保护与发展新模式；三是要逐步提升各级历史文化名街、名村、传统村落、文物保护单位的保护水平，加快申报店头街—五通街、东大街—乌石巷为国家级历史文化街区；申报南大街、水东街为省级历史文化街区；申报彭坊村、丁黄村（丁屋岭）、汤屋村、水头村等一批优质古村落为国家级传统村落。

加大名城和地名文化遗产保护力度

一是通过显现古城形态、梳理古城结构、链接叙事空间、修补特征场景，从整体到细节全面保护和展示古城风貌，重点打造长汀古城

"佛挂珠"的古城格局和古城风貌，完成"一江两岸"主景区工程，逐步恢复"十门九锁"的古城墙机理，改善提升城墙周边环境。二是全面疏通老城街巷，利用街巷空间组织外来游客，用网状交通取代传统点线交通，增大古城接纳空间，扩大经营区间。重点完成历史文化街区立面、公共服务设施和基础设施的改造。三是结合城市总体规划定位，适当疏解老城人口，合理划定居民生活区，将古城保护和安排现代生活相结合，重点完成文物保护单位和历史建筑（古民居）的保护和修缮工作，提炼传统建筑元素，整治非保护性破旧房屋、杂乱建筑，恢复原有建筑风貌，形成统一协调的地域建筑风格，体现乡土气息和地域特色。四是持续开展国家历史文化名城保护日宣传活动，在"南京共识"的引领下联合汀州古城墙申报"中国明清城墙"世界文化遗产，启动国家历史文化名城保护日宣传活动基地建设。五是长汀地名文化遗产是精神文明成果的重要组成部分，为了使长汀避免大量有重要历史和文化价值的地名不断消失和被严重破坏，积极探索长汀地名文化遗产保护机制，促进地名文化繁荣发展，弘扬传承优秀文化，促进长汀新型城镇化科学健康发展。

客家文化传承与建设

一是加强软环境建设力度。重点对客家民间玄学、民间音乐、舞蹈、技艺、传统习俗、民间信仰、岁时节令等非物质文化遗产进行收集整理与保护，编印关于客家文化的书籍画册和刊物，运用传统媒体和新媒体相结合的方式进行广泛宣传。开展"海丝客家·汀江"相关工作，持续办好世界客属公祭客家母亲河大典活动，并由国台办对台文化交流重点项目提升为国家级对台文化交流基地，通过汀州古城这座原生态的客家宗祠博物馆，汀州天后宫、汀州府城隍庙等文化交流平台，加强与港澳台以及海外的民间交流，打造以汀州和汀江为代表的客家人精神家园。持续推进长汀与台湾新竹两个客家大县的友好合作，增强台湾同胞"两岸一家亲，客家血脉连"的文化认同感，推动两岸经济、文化、旅游的交流合作，从而进一步让长汀走向世界，让世界走进长汀。二是加快硬件设施建设进度。加快客家山寨丁屋岭的建设进度，至2015年底，完成房屋立面整治、道路扩建、接待中心、廊桥和堤道等工程建设。2018年建成汀州客家首府博物馆，为海外客家文化寻根提供形象、直观、系统的客家历史文化陈列展览。2018年建成集展示、体验、休闲、娱乐为一体的汀江源客家民俗文化园，为游客体验原生态的客家民俗文化提供场地。2020年底完成世界客属公祭客家母亲河文化基地的建设。

红色文化传承与建设

一是加快长汀革命旧址维修与保护工作，对福建省苏维埃政府旧址——汀州试院，红四军司令部、政治部旧址（毛泽东、朱德旧居）——辛耕别墅，中共福建省委旧址（周恩来故居）——中华基督教堂，中共红色医院的前身——福音医院旧址（包括休养所），福建省职工联合会旧址（刘少奇故居）——张氏宗祠，长汀县革命委员会旧址——云骧阁等文物进行全方位的维修，以上工作于2018年以前完成；二是启动"六址一园一村"工程（"六址"指省苏维埃政府旧址等六处国宝单位，"一园"指瞿秋白烈士陵园，"一村"指红军长征第一村中复村），加快"红色长征第一村"——中复村的建设力度，全力提升"红色长征第一村"品牌知名度，完成南寨红军体育场建设；三是启动"红军故乡纪念馆（园）"的论证和保护传承工作。

生态文化传承与建设

一是加快福建汀江源国家级自然保护区、汀江源国家湿地公园的建设力度。二是至2018年整合资金建成城区北部生态滨河公园。三是加快建设一批旅游项目。至2016年底，提升完善庵杰"天下客家第一漂"漂流项目，加快推进三洲杨梅特色产业园项目。至2018年完成新桥"山水游逸园"及客家风情小镇项目，同时建成三洲河滩公园水上乐园等项目。四是重点培育发展种植与深加工，打造现代特色农业基地。五是提升河三线景观。2015年底完成河滩公园建设、集镇道路改造及两侧建设里面整治等，2018年完成三洲湿地公园建设。

六是推进汀江干流及支流安全生态水系建设项目，全长约 65 公里，按提升"现状滨水空间，打造生态亲水景观带"的目标，实施包括生态清障、鱼道、水利交通工程。至 2016 年完成河段 25 公里，2017 年完成河段 20 公里，2018 年完成河段 20 公里。

（三）提升公众生态文明意识

随着水土流失治理日益深化，百姓对于生态效益的"获得感"日益明显，长汀抓住机遇，通过多种方式进行宣传教育，不断提升公众的生态意识。

开展各种宣传教育活动，倡导生态文明的价值观。《中共中央国务院关于加快推进生态文明建设的意见》强调，生态文明建设"要充分认识加快推进生态文明建设的极端重要性和紧迫性，切实增强责任感和使命感，牢固树立尊重自然、顺应自然、保护自然的理念，坚持绿水青山就是金山银山，动员全党、全社会积极行动、深入持久地推进生态文明建设，加快形成人与自然和谐发展的现代化建设新格局，开创社会主义生态文明新时代"。[1]《意见》还强调，到 2020 年，生态文明主流价值观应该在全社会得到推广。长汀县在开展水土流失治理以及生态家园建设的同时，深入开展各种生态环境宣传教育活动，倡导绿水青山就是金山银山的生态价值观念，以营造浓厚的生态文明建设氛围，培育自觉的生态意识。

充分调动社会力量，增强人们的环保意识。长汀县组织环保志愿者、社区、机关人员、学校等多渠道多载体开展生态文明建设宣传教育活动，调动社会力量以增强人们的环保意识。围绕生态县创建工作，县环保局深入开展生态环境宣传教育，全力营造生态建设浓厚氛围。以"6·5"世界环境日为载体，组织环保志愿者、社区、机关工作人员走街串巷开展宣传，在广场设立咨询台，发放"推进生态建设、共建绿色家园"倡议书、

---

[1] 《中共中央国务院关于加快推进生态文明建设的意见》，人民出版社，2015，第 2 页。

环保知识宣传手册和可循环使用的环保手袋。向全县移动、天翼用户发送环保宣传信息，号召社会公众转变消费观念和消费行为，推广绿色消费，践行绿色生活方式。开展环境友好型学校、社区、环境教育基地创建活动。组织学校、社区申报省级、市级环境友好型学校、社区，如长汀三中、新桥中心校、中复中学 3 所学校获市级环境友好型学校称号，幸福花园小区、盛世金源小区 2 个小区获市级环境友好型小区称号，中小学生社会实践基地获市级环境教育基地称号。开展以"生态长汀、美好家园"为主题的中华环保世纪行宣传采访活动，举办各种保护生态环境的相关法律法规的学习培训班，以增强公众遵守生态法规意识。长汀还通过举办"世界客属公祭客家母亲河"活动、"海峡客家三洲杨梅节"等活动，把公众生态意识的培育寓于富有地方特色和影响力的各种大型公众活动中。通过社会力量开展这些生态文明宣传活动，使长汀的生态家园建设与绿色发展的理念逐渐深入人心，得到社会的普遍认同。

倡导绿色生活方式，养成生态的生活习惯。生态文化不是抽象的概念逻辑体系，而是体现在人们具体的生活样式中。长汀把生态意识落实在具体的日常生活方式中。如通过政府的倡导和补贴来改变人们长期形成的砍柴烧饭取暖的生活方式；通过乡规民约来改变传统的乱扔垃圾、乱倒生活废水的生活陋习；通过建设公益性的公墓、骨灰堂来移风易俗，改变人们传统丧葬观念，倡导绿色生态的丧葬方式；通过挖掘客家文化中敬畏和尊重自然的生活观念来保护生态。

建设公益性骨灰堂，转变传统丧葬观念

长汀县客家人居多，客家人丧葬习俗深受"入土为安"观念的影响，土葬必然会破坏山林环境。虽然县政府推广火葬较为成功，但火葬后的骨灰安放也是个问题。截至 2016 年，全县 290 个建制村，约一半尚未建标准化的骨灰堂。全县大部分乡村也仅有个别零星的家庭式、宗族式小型骨灰堂，容量有限，不能对全村村民提供服务，这导

致乱埋乱葬现象比较突出。通过调研，县民政局发现，绝大多数村农民也都能接受逝去亲人骨灰安放在公益性骨灰堂的做法，而且他们还对建设公益性骨灰堂的要求和愿望比较迫切，只是受困于缺乏资金，缺少政策扶持，缺少组织牵头人。针对这种情况，县民政局编制了村级公益性骨灰堂建设规划，计划在3～5年内，在所有建制村分别建设一个能供全村各姓氏骨灰存放50～100年的公益性骨灰堂。通过建设村级骨灰堂，解决好"死人与活人争地"的问题，消除乱埋乱葬现象。2012年以来，在新一轮的水土流失治理工作中，长汀县民政局以水土流失治理区乱建坟墓专项治理为切入点，与县有关部门协作，坚决杜绝在水土流失治理区新建坟墓，已有坟墓逐步清理。在资金方面，2012年长汀县出台了《关于鼓励水土流失区建设村级公益性骨灰堂的优惠政策》，每年由县财政拨出专款补助，并通过发动有识之士、外出乡贤或企业赞助等方式来解决。在管理模式上，县政府积极推进大同镇李岭村骨灰堂的管理模式，实行村级理事会为主体运作管理，村委会支持协助，公益性运作。此外，长汀县还准备推广树葬等新的绿色殡葬方式，既不占地，又能绿化环境，造福子孙，真正实现绿色殡葬。这当然需要取得社会力量的大力支持。

（四）建设具象化的生态文化设施

在长汀水土保持科教园，有一棵樟树枝繁叶茂，长势喜人。这是习近平同志于2001年10月13日在这里亲手植下的一棵树。科教园里的一片树林绿满枝头，郁郁葱葱，那是由一百多位将军亲手种植的"将军林"。已故的前省委书记项南同志的花岗岩雕像底座，刻着项南同志为长汀水土流失治理总结的《水土保持三字经》。科教园的展馆里陈列着习近平同志对长汀水土流失治理的批示，展示着长汀红色的历史和绿色的今天。在这里，我们深深地感受到一曲由深厚的红色文化和充满活力的绿色文化交融互动协奏出的绿色发展的旋律，在我们心灵深处鸣响。而在当年红军战士用鲜血染红的松毛岭上，我们看到的是漫山遍野的绿意葱茏。在长汀，我们处处都可以感受到这种在红色文化滋养下的绿色文化的具象。在汀江湿地公园，绿水风荷，白鹭悠悠，游人在这里漫步，感受到一片悠扬的绿意。长汀通过这样的方式，把生态文化对象化为可游、可望、可感、可居的时空中的绿色具象，来陶冶人们的绿色心灵。

图 5 - 2　位于长汀水土保持科教园中的项南雕像

四　生态社会与生态文化建设的问题与思考

应该说，长汀在长期水土流失治理过程中所形成的社会支持体系和文化支撑体系是进一步开展生态家园建设弥足珍贵的财富，或者说，在谋划更高层次的生态家园建设时，社会支持与文化支持的作用更加凸显。这就要求我们对生态家园建设过程中社会体系与文化体系问题作更深一步的理性思考。

（一）长汀社会—文化体系建设存在的问题

多主体参与的机制还不健全。长汀水土流失治理和生态家园建设多主体参与中，政府的主导作用发挥的较为充分，在充分利用政策，向上级政府争取资金，大力推进生态家园建设等方面，政府当然应该发挥主导作用，长汀县委县政府也充分发挥了主导作用。除了政府之外，市场主体引入的也比较多，市场主体具有逐利本性，在一定程度上有可能是生态破坏的始作俑者，但只要引导得力，市场主体也可以成为生态保护的重要力量，比如近年来蓬勃发展的环保产业，就是充分利用市场主体参与生态文明建设的重要例证。如垃圾处理不仅是一项清理废品、维护环境的事业，也是一个极具潜力的产业。在多主体的参与机制中，真正的以公益性环境保护为行为取向的民间环保组织偏少，其所发挥的作用还很弱小。社会组织应该是生态文明建设的一支重要力量，在一些发达国家，绿色组织的力量十分强大。但在现阶段，长汀乃至于全国在这方面都是十分弱小的。同时，多主体参与机制还较多地流于形式，社会力量真正参与的偏少。多主体参与生态文明建设，要充分利用社会的力量，水土流失治理以及生态保护地区多数地处偏远山区，而县环保部门的人手及相关的财力也不充足，这就需要调动当地农民的积极性参与治理。

多主体参与的鼓励和指导措施还不规范。目前，在社会主体参与方面，相应的鼓励和指导措施还不够完善到位。整合社会组织的平台，它不仅能够发挥调动社会力量、整合资源于生态文明建设的作用，还能发挥环境教育、环境监督、环保评价、环保宣传等多方面的功能。如环保类的社会组织就是生态文明建设的一个综合性平台。政府在推动生态文明建设中不仅要发挥主导作用，还要能够充分调动社会组织的积极作用。市场主体、社会主体、村民自治、个人主体蕴含巨大的生态治理的力量，但它不会自发释放出来，需要政府予以指导、引导和鼓励。

公众生态意识还有待于进一步提升。生态文化是生态文明建设的精神支撑，只有人民大众自觉践行生态价值观，把生态文明的理念寓于日常生活和行为之中，生态文明才有了深厚的社会基础，在《中共中央国务院关于加快推进生态文明建设的意见》中就有"生态文明主流价值观在全社会得到推行"[①] 的目标要求。长汀县生态文化体系建设虽然取得了诸多成

———————
① 《中共中央国务院关于加快推进生态文明建设的意见》，人民出版社，2015，第4页。

绩，但人们的生态意识自觉性不够，保护生态在相当大的程度上还需要政府引导，没有强制性的规范，普通民众的生态观念还不强。也就是说，对大多数人而言，生态文明建设还是外在的要求，而没有真正深入心灵深处，成为人们自觉的行为方式，成为每个人的自律规范。生态意识还只是在切己利益的天平上来加以考量，停留在低层次心理意识上。比如随处倒垃圾的问题，尤其是生活垃圾污染水源地的问题就很明显。而要使生态意识升华到更高的自觉层面，需要在生态伦理、生态美学、生态哲学层面的涵养和提升。

生态文化建设主体积极性没有充分调动起来。文化最根本的因素是人，生态文化的主体是人民群众。在当前，只要没有强制禁止，或者即便是禁止了但惩罚的执行力度不够，在老百姓中还是存在一些反生态的行为，尤其是出于牟利而进行的生态破坏。利用政府的力量制止破坏生态的行为，对生态进行修复，这相对来说较为容易，但不可持续。要使生态文明建设成为人们的自觉的持续的行为，需要生态文化的长时期的教育与涵化，需要人民群众确立起生态文明建设主体意识，来调动他们生态文明建设的主动性和积极性。长汀县在调动广大人民群众积极性主动性方面已经做了很多工作，也收到了一定的成效，但还需要在生态文化建设中注入主体意识，来充分调动广大人民群众的主动性、积极性和自觉性。

（二）进一步提升社会建设与文化建设的思考

在长汀水土流失治理和发展生态经济的实践中，社会多主体的参与发挥了积极的作用，但这种作用也只是初步的、表层的。事实上，在生态文明建设中，政府的力量是有限的，而社会力量在生态文明建设中则有着不可替代的积极性和创造性，随着生态文明建设的全面而又深入的发展，建立健全社会主体参与机制，充分依靠和发挥社会主体力量是一种必然的选择。

培育生态社会组织，推进生态治理多主体参与机制的形成。现代社会是一个高度复杂的社会，政府不可能，也不应该事无巨细地包揽一切，政府应该发挥顶层设计、制定政策、完善法律、执法监督、引导鼓励等宏观作用，而把更多的具体事务交付社会，把那些适合由社会来做的事情尽量让社会来做，政府只负责宏观政策、大政方针的制定以及监督、验收等工作等。这样不仅可以把政府从很多具体事务性的工作中解脱出来，专门从事顶层设计、政策制定、法律完善等政府应该做的工作，以提升执政能力和执政水平，而且还可以充分调动社会的积极性，促进社会走向成熟。但在现阶段的社会结构中，政府的管理范围还是偏大，包揽了很多本应交给社会的具体的事务性的工作，政府和社会的关系没有理顺，政府是强势政府，社会是弱社会，社会的积极作用还有待充分调动。这一态势不仅表现在生态治理上，也表现在整个社会治理结构中；不仅表现在长汀县，在全国范围内也具有一定的普遍性。在政府和社会的关系上，政府要真正重视社会力量，对其进行必要的监管、监督和指导，但除此之外，尽量减少政府的干预，信任社会的力量，放手让社会去施展它们的才能。治理体系和治理能力现代化既需要强有力的政府，也需要有强大的社会力量。我们应该鼓励民间环保组织参与生态文明建设。鼓励和支持环保类民间组织的发展，福建省有相当数量的民间环保组织，也有很多民间组织进行生态文明建设的学术研究、研讨，决策咨询。应该通过购买服务、资金政策资助、舆论支持等方式给予鼓励和支持。通过授权的方式，鼓励民间环保组织监督企业的偷排偷放行为，协助环保执法。

制定和完善乡规民约指导意见，在促进基层自治中提升环境治理水平。生态文明建设固然离不开政府的规制和引导，但发挥基层民众推动生态文明的力量也是非常重要的，尤其是生态文明建设需要整个社会积极行动起来，从自己的实际行动做起，乡规民约是规范基层农民的行为规范，生态文明建设要规范和完善乡村民约，鼓励其将生态理念贯彻进乡规民约中，让乡村在实现自治的同时把生态文明的理念渗入老百姓的心灵深处。要充分发挥乡村自治机构的生态文明治理功能。在农村，公序良俗、风俗习惯是规范人的行为的重要规范，在传统社会这一特点尤为突出。虽然现代化冲淡了这些传统的因素，但这些规范在农村还是存在并发挥着规范人们行为的重要作用。如果能够基于合理的引导，乡规民约是能够发挥重要作用的。现阶段乡规民约在农村多流于形式，很多农村虽然也制定有村规民约，但这些村规民约基本上发挥不了规约的作用。这就要求各级党委和政府在深入调研的基础上，制定、出台、完善乡规民约指导意见，在制定乡规民约的过程中注入生态文化，采取有效措施使这些沉睡的民间规则在生态文明建设中发挥其应有的作用。

制定规范健全的市场主体参与环境保护的机制，把资本引向生态文明建设。规范健全市场主体参与环境保护可以从两个方面来讲，首先，对于绿色产业、环保产业，要降低准入门槛，要从资金、政策等方面鼓励和支持那些低耗能、低污染的产业发展，让更多的资本投向绿色产业、环保产业。政府还可以通过购买服务的方式，发展参与环境保护的市场主体，引入社会资金参与生态文明建设。充分利用"谁投入，谁受益"的利益机制，鼓励市场主体参与环境保护。真正实现既能使"百姓富"，又能使"生态美"。其次，对于那些高污染的产业要加大监管和监督力度，采取强有力的措施，该禁止的毫不留情，对于那些该整顿的要坚决令其停产整顿，不达标不准开工。对于养猪等有污染的养殖业，要鼓励技术创新，引入循环经济，发展沼气、有机肥，对废物进行再利用。严禁高污染的企业进入水源地。市场主体以实现自我利益最大化为目的，要想充分调动市场主体参与生态文明建设的积极性，就要充分利用经济杠杆，让那些从事绿色产业的市场主体真正获利，让他们看到绿色产业的潜力和前景，同时也要通过市场杠杆来抑制高污染、高消耗、高浪费产业的发展。

培育公民生态保护意识，践行生态主流价值观。生态文明作为一种文明形态，不仅表现在山清、水秀、天蓝、地绿等具体方面，更表现在人们的习惯、观念、意识以及生活方式等方面，山清、水秀、天蓝、地绿是生态文明的物质层面，生态意识是生态文明的思想文化层面，二者相辅相成，后者是前者的文化支撑，前者是后者形成的基础。保护生态、尊重自然应该成为人们的自觉意识和行为方式，而这种生态意识和生活方式只能在社会的多主体参与的生态文明建设的实践中形成和扎根。生态意识、生态观念和生态的生活方式的养成是一个长期的过程，需要综合运用教育、宣传、法律等各种手段。生态意识是现代公民意识的重要方面，也是生态文明建设的重要方面，但现阶段我国公民生态意识与生态文明建设的要求还存在差距，还需要我们加大培养生态意识的力度。

第六章

生态家园的体制保障：长汀生态
制度的健全完善

健全完善生态文明制度体系是推进生态治理现代化的必由之路。党的十八大报告明确提出要加强生态文明制度建设，党的十八届三中全会进一步提出要建立系统完整的生态文明制度体系。从加强"制度建设"到建立系统完整的"制度体系"，既体现出生态文明制度体系建设之于生态治理的必要性和紧迫性，也彰显出中国共产党对生态文明建设高度的理论自觉和制度自觉。近年来，长汀县在生态文明建设过程中，积极探索现代生态文明制度，及时总结生态治理经验，并将有益的经验上升为制度安排，为加快推进县域生态文明治理现代化提供了制度保障。与此同时，随着生态文明建设实践的深入拓展，生态文明制度供给不足、相对滞后的现象还不同程度上存在，一些深层次问题亟待制度层面的突破创新。

一 生态文明制度体系建设及其重要作用

（一）生态文明制度与生态文明制度体系

一般而言，制度有宏观和微观之分。从宏观上讲，制度是在一定的历史条件下形成的政治、经济、文化等方面的规范体系，一般是指社会制度；从微观上讲，制度是在一个组织或一定范围内要求大家共同遵守的办事规制或行动章程。回顾人类社会发展的漫长历史进程，制度在推进社会进步、促进人的发展过程中具有极其重要的价值和作用，从这个意义上说，制度文明是人类文明的重要组成部分，人类社会的发展史包含制度的创设和演进史。

生态文明制度是指在全社会制定或形成的一切有利于支持、推动和保障生态文明建设的各种引导性、规范性和约束性的规定、准则的总和，是在生态文明建设过程中，在全社会的范围内要求大家共同遵守的办事规则或行动章程，其表现形式有正式制度（原则、法律、规章、条例等）和非正式制度（生态伦理、习俗、惯例等）。在当代中国，生态文明建设面临的环境越发复杂多变，在人与人、人与社会、人与自然的关系更加紧密的同时，人类的不断索取导致的人与自然的冲突和矛盾也越发激烈和严重。生态文明制度在协调这些冲突和矛盾的过程中，有着极其重要的作用，越来越凸显出制度建设之于生态文明建设的举足轻重与不可或缺。

"木桶效应"的一般原理告诉我们，一只木桶盛水量的多少取决于最短的那块木板。尽管制度建设在生态文明建设中起着十分重要的作用，但如果生态文明制度建设存在短板就会影响到既有制度的运行效力和实际效果。因而，支撑生态文明建设的制度不应是某种单边、单项的规约，而是涉及多方面、多层次、多领域的规则集合和体系。也就是说，生态文明制度建设的目标就是构建科学合理的生态文明制度体系。所谓体系，就是系统的整体。制度体系就是由一系列的制度要素通过科学的排列整合构成的制度化的有机统一体。据此，生态文明制度体系就是指生态文明制度遵循生态文明建设的一般规律和实践要求通过科学整合和有机衔接形成的系统化的制度体系。

（二）生态文明制度体系的构成及其特点

我国生态文明制度建设已经从自发走向自觉。2015 年 9 月，中共中央、国务院专门印发《生态文明体制改革总体方案》（以下简称《方案》），这是指导今后一段时期我国生态文明建设的重要遵循。根据《方案》的有关精神，到 2020 年，构建起由自然资源资产产权制度、国土空间开发保护制度、空间规划体系、资源总量管理和全面节约制度、资源有偿使用和生态补偿制度、环境治理体系、环境治理和生态保护市场体系、生态文明绩效评价考核和责任追究制度等八项制度，构成的产权清晰、多元参与、激励约束并重、系统完整的生态文明制度体系，推进生态文明领域国家治理体系和治理能力现代化，努力走向社会主义生态文明新时代。

在国家的宏观层面上，生态文明制度体系的构成见表 6 - 1。

表 6 - 1　生态文明制度体系

序　号	基本制度	主要任务
1	自然资源资产的产权制度	建立统一的确权登记系统、建立权责明确的自然资源产权体系、健全国家自然资源资产管理体制、健全国家自然资源资产管理体制、探索建立分级行使所有权的体制、开展水流和湿地产权确权试点等
2	国土空间开发保护制度	完善主体功能区制度、健全国土空间用途管制制度、建立国家公园体制、完善自然资源监管体制
3	空间规划体系	编制空间规划、推进市县"多规合一"、创新市县空间规划编制方法
4	资源总量管理和全面节约制度	完善最严格的耕地保护制度和土地节约集约利用制度、完善最严格的水资源管理制度、建立能源消费总量管理和节约制度、建立天然林保护制度、建立草原保护制度、建立湿地保护制度、建立沙化土地封禁保护制度、健全海洋资源开发保护制度、健全矿产资源开发利用管理制度、完善资源循环利用制度
5	资源有偿使用和生态补偿制度	加快自然资源及其产品价格改革、完善土地有偿使用制度、完善矿产资源有偿使用制度、完善海域海岛有偿使用制度、加快资源环境税费改革、完善生态补偿机制、完善生态保护修复资金使用机制、建立耕地草原河湖休养生息制度
6	环境治理体系	完善污染物排放许可制、建立污染防治区域联动机制、建立农村环境治理体制机制、健全环境信息公开制度、严格实行生态环境损害赔偿制度、完善环境保护管理制度

序　号	基本制度	主要任务
7	环境治理和生态保护市场体系	培育环境治理和生态保护市场主体、推行用能权和碳排放权交易制度、推行排污权交易制度、推行水权交易制度、建立绿色金融体系、建立统一的绿色产品体系
8	生态文明绩效评价考核和责任追究制度	建立生态文明目标体系、建立资源环境承载能力监测预警机制、探索编制自然资源资产负债表、对领导干部实行自然资源资产离任审计、建立生态环境损害责任终身追究制

重视生态文明制度体系建设，是世界各国生态文明建设的基本经验。制度体系作为生态文明建设的硬约束，这主要还是由制度和制度体系的特点决定的。

第一，生态文明制度具有根本性和强制性。从本质上讲，生态文明制度是通过科学、严密的程序来规范和引导人们行为的一种规范。生态文明制度一经制定，社会成员就必须认真遵守并严格服从，决不允许有超越或凌驾于制度之上的行为，否则就得接受制度的惩罚或制裁。这样，制度就将个体行为限制在规范的轨道之内。

第二，生态文明制度具有长期性和稳定性。生态文明制度是我们党在领导生态文明建设实践中逐渐探索形成的，是对生态文明建设经验的科学总结。生态文明制度的存续、废止或修订不是由某一个人的意志决定的，不会因领导人的改变而改变。所以，生态文明制度体现了国家和人民的意志，它的长期性和稳定性决定了它能够在生态文明建设中发挥根本性作用。

第三，生态文明制度具有实践性和可操作性。实践性是制度的根本特性之一，只有可实践、可操作的制度，在生态文明建设过程中才能发挥应有的效用。生态文明建设的各项制度，是人们的行为准则，它明确告诉人们应该做什么，不应该做什么，应该怎样做，违反制度应该承担什么样的后果，等等。这些具体的制度，具有实践性和可操作性，在引导人们的思想和行为过程中发挥着积极作用。

第四，生态文明制度体系具有系统性和全局性。生态文明制度体系是由生态文明制度构成的一个立体而鲜活的系统,制度体系诸要素相互联系、相互影响、相互依存,进而形成制度的合力,在生态文明建设诸层面发挥全局性作用。

(三) 生态文明制度体系的重要作用

生态文明制度体系是实现国家生态治理总体战略布局和经济社会协调健康发展的重要保障。

第一,健全生态文明制度体系是完善"五位一体"战略布局的需要。改革开放以来,特别是党的十八大从人民福祉和民族未来的高度,将生态文明建设上升为包括"经济建设、政治建设、文化建设、社会建设、生态文明建设"在内的"五位一体"的中国特色社会主义事业总体布局,并把"加强生态文明制度建设"作为推进生态文明建设的重要工作部署。党的十八届三中全会进一步将"加快生态文明制度建设"作为全面深化改革的重要目标构成,并强调指出"建设生态文明,必须建立系统完整的生态文明制度体系,实行最严格的源头保护制度、损害赔偿制度、责任追究制度,完善环境治理和生态修复制度,用制度保护生态环境"。这实际上是从资源管理、环境管理、生态管理的制度创新视角来处理人与自然环境的关系,是着眼于当前环境恶化的现实,着眼于中国经济健康可持续发展的长远,着眼于从更高的层面来统筹发展经济和环境治理的问题,寻找更为有效的制度性解决方案。党的十八届三中全会关于加强生态文明建设的论述,确立了生态文明制度建设在全面深化改革总体部署中的地位,提出"必须建立系统完整的生态文明制度体系,用制度保护生态环境",廓清了生态文明制度建设的内容,把资源产权、用途管制、生态红线、有偿使用、生态补偿、管理体制等内容充实到生态文明制度体系中来。

第二,健全生态文明制度体系是实现经济健康快速协调发展的需要。毋庸讳言,改革开放30多年来,中国经济发展的奇迹在很大程度上是建立在"高能耗、低产出"基础之上的,也由此导致严重的环境污染,自然资源和环境破坏已经达到生态系统无法承载的阈限,这种粗放型的传统经济发展模式是不可持续的，对人居环境的影响也是十分严重的。加强生态文明制度体系建设，就是要以制度为先导，通过制度的合理构建引导经济发展从"高能耗、低产出"为标志的粗放型经济发展旧模式，向以"全面、有序、协调"为特点的集约型经济发展新模式转变，通过生产力的巨大变革推动经济健康持续快速发展，进而走出一条生态良好、生产发展、生活富裕的生态文明发展之路。

第三，健全生态文明制度体系是唤醒人们生态文明意识和培养生态文明行为的需要。近年来，生态环境恶化的趋势未能从根本上得到遏止，一个深层次的原因就是公民生态文明意识的缺失。只有大力培育全民族的生态文明意识，将人们对生态环境的保护转化为自觉的行动，才能为生态文明的发展奠定坚实的基础。在这方面，生态文明制度体系建设具有十分重要的作用。古人云："不以规矩，不能成方圆。"加强生态文明制度体系建设、创设良好的制度环境，有助于培养公民的生态意识，养成良好的生态文明习惯，发挥制度对人们行为的引导和规制作用。

二　长汀生态文明制度体系的初步构建

加强生态文明建设，构建科学合理的制度体系是重要的前提和基础，决定着生态文明建设的前景和方向。长汀作为福建省生态文明建设的先行示范区，不仅在实践中大力推进生态文明建设，还从体制、机制、政策、法规等正式的制度以及道德、观念、习俗、惯例等非正式的制度层面，发挥制度对生态文明建设的引导力、规范力和约束力的作用。

（一）建立生态文明建设管理制度

建立生态红线管控制度。长汀在生态文明建设过程中，十分重视超前谋划和整体规划设计，并且坚持"一张蓝图绘到底"。通过合理划定重要生态功能区、生态环境敏感区、生态脆弱区等生态红线区，一方面从严控制生态红线，另一方面也为县域经济发展留有发展空间。为此，先后编制《长汀县生态县建设实施方案》、《长汀生态县建设规划》（2011～2020）、

《长汀生态文明示范县建设规划（2013—2025）》三项规划方案，并以此作为长汀生态文明建设的重要依据和指导长汀生态文明建设的蓝图。按照《长汀生态县建设规划》和生态治理方案，集中开展城乡环境综合整治，推进汀江流域水环境整治，着力解决城乡垃圾污水处理、水源污染等突出环境问题。严格落实以电代燃、暂停砍伐阔叶树等政策措施，严厉打击破坏生态环境的行为，加强生态管控和生态保护。

建立水资源保护制度。"治城先治水"。为贯彻落实《国务院关于实行最严格水资源管理制度的意见》，结合严格水资源管理"三条红线"，出台《长汀县实行严格水资源"三条红线"管理实施方案》。为将重点流域水环境整治工作落到实处，制定《长汀县重点流域水环境整治实施方案》。为确保实现河道、沟渠、池塘、水库电站等组成的水生态系统良性循环，出台《长汀县河道及其水面清洁管理若干规定》及其具体的《实施方案》和《考评办法》。此外，为推进全国"生态文明试点县"、全国首批"水生态文明城市"建设试点等，长汀县把生态保护列入地方立法重点领域，坚持以生态安全、生态文明为立法理念，推动长汀生态保护立法迈上新台阶。与此同时，严格执行《水保法》及相关的法律法规，进一步落实水保"三同时"制度①，严厉打击破坏生态环境的行为，加强生态保护。近年来，长汀开发建设单位申报水土保持方案的申报率达到100%，落实水保措施的落实率达到94.7%。

"河长制"：落实水生态文明建设的主体责任

河湖管理保护是一项复杂的系统工程，涉及上下游、左右岸、不同行政区域和行业。如何协调方方面面的工作，不仅要靠各级领导干部的责任意识，更要靠科学规范的制度，实现权力与责任的协调和对

---

① "三同时"制度是指一切新建、改建和扩建的基本建设项目（包括小型建设项目）、技术改造项目、自然开发项目，以及可能对环境造成损害的其他工程项目，其中防治污染和其他公害的设施和其他环境保护设施，必须与主体工程同时设计、同时施工、同时投产。

等。"河长制"就是在河湖管理复杂的系统工程中的重要制度探索和创新。

"河长制"，事实上就是由党政领导担任河长，依法依规落实地方主体责任，协调整合各方力量，促进水资源保护、水域岸线管理、水污染防治、水环境治理等工作。这项制度是从河流水质改善领导督办制、环保问责制所衍生出来的水污染治理制度，目的是保证河流在较长的时期内保持河清水洁、岸绿鱼游的良好生态环境。而"河长制"之所以能够发挥积极作用，主要是将本来无人愿管、被肆意污染的河流，转变成各级党政主要负责人的责任，通过责任倒逼水生态文明建设。

图 6-1　汀江被誉为"客家母亲河"

长汀在水生态文明建设过程中，为了强化责任意识，促进流域保护管理规范化、制度化，2014 年底前，就开始在全县全面推行"河长制"，实现全县县级、乡（镇）级、村级河道"河长制"全覆盖。2016 年 12 月由中共中央办公厅、国务院办公厅印发《关于全面推行河长制的意见》，长汀则在这一"意见"制定的两年前就实行了"河长制"。实际上，"河长制"在长汀实行仅仅一年多后，就取得十分明显的效果。到 2015 年，基本建立流域管理制度，通过努力，使乱占乱建、乱排乱倒、乱采砂、乱截流等"四乱"问题得到有效遏制，突发水环境事件得以及时发现和妥善处置，河流断面水质、水生态、水环境面貌明显改善，饮用水水源地安全保障全面落实，基本实现"水清、河畅、岸绿、生态"的水文明建设目标。

实践证明，"河长制"治水机制是河道管理的一项重大管理创新，是一项卓有成效的长效管理机制。长汀高度重视"河长制"实施工作，及时制定和出台工作方案，落实"河长制"实施细则和河流治理方案并召开专题会议进行安排部署，"河长制"的实施，进一步增强了各级党委、政府、有关部门和各级领导干部加强水环境治理的责任感，形成了治水合力，为水生态环境治理攻坚战提供了重要的制度保障。从我国生态文明建设的宏观层面来看，"河长制"具有普遍的推广意义，全面推行河长制是落实绿色发展理念、推进生态文明建设的内在要求，是解决我国复杂水问题、维护河湖健康生命的有效举措，是完善水治理体系、保障国家水安全的制度创新。

建立封山育林规章制度。结合长汀生态文明建设的具体实际，重点建立了《关于封山育林禁烧柴草令》《关于护林失职追究制度》等一系列封山育林规章制度，只保护不开发，只投入无产出，做到严格保护，避免乱砍滥伐等破坏性生产。此外，还建立了群众燃料补助制度，对封禁区群众给予燃煤价差补贴、沼气池建设补助，制定以电代燃补助政策，解决了群众生活上的后顾之忧，从源头上疏导群众减少上山砍柴，杜绝了对植被的破坏。这些刚性制度的制定和执行，做到了堵与疏的结合，通过堵住制度的漏洞避免破坏性开发和利用，通过科学疏导满足群众生产生活需求。

完善企业环境责任制度。为明确企业的环境责任，提高企业环境守法意识，规范环境管理制度，强化节能减排自觉行动，提高资源利用效率，发挥企业在微观环境管理中的主导作用，长汀县出台《长汀县企业环境信用评价工作方案》，该《方案》包括明确评价对象、实行分级管理、严格评价标准、规范评价程序、强化结果应用、加强评价管理等六个方面内容，将强制评价与自愿参评的原则结合起来。此外，《方案》还强化了评价结果的应用，提出了完善信息共享联动机制、激励环保诚信企业、鼓励环保良好企业、严管环保警示企业、惩戒环保不良企业等应用措施。

（二）创新生态文明建设载体

建立生态建设"平安服务区"。2013 年 7 月，长汀县委政法委推出服务和保障生态建设新举措，在河田、南山、涂坊片区设立生态建设（河田）"平安服务区"，自"平安服务区"设立以来，各部门先后向"平安服务区"派驻干警 300 多人次，在"平安服务中心"接待人民群众来访求助以及法律咨询服务 150 余人次，派驻服务区的干警在深入乡、村开展生态保护和禁毒法律宣传中，发放了 2 万余份的法制宣传材料。收集到生态及平安建设工作的意见和建议 120 多条，根据治安巡查中发现的线索，及时查处两起非法占用林地案件、3 起非法开采稀土案件，受理和调整了 12 起水土流失治理中产生的矛盾纠纷，并成功调处了两起跨乡镇矛盾纠纷。

开展生态文明创建活动。长汀县从乡镇（街道）、企业、社会、政府机关等多个层面开展生态文明创建活动。在乡镇（街道）加强生态文明宣传力度，按照国家生态文明示范区建设标准，全面开展生态文明乡镇（街道）创建活动。在企业进一步深入开展生态企业系列创建活动，规模以上企业积极创建清洁生产审核企业、循环经济试点企业、市级环保模范企业、省级绿色企业、国家环境友好企业。在社会层面推进"多绿"系列创建活动，深入推进绿色学校、绿色医院、绿色饭店、绿色社区、绿色家庭、绿色工地、环境教育基地等建设。与此同时，大力推进绿色机关建设，积极开展写字楼、办公楼的节能低碳生态化改造，逐步开展生态办公楼创建活动，并逐年提高覆盖比例。

扩大生态党组织覆盖面。按照"生态经济·党建先行"和"支部建在生态产业上"的理念，把党组织建在生态工业园、旅游景区、农民专业合作社、绿色农业种养基地及农产品加工基地上。通过"村村联建""村企联建""村居联建"的"三联"模式和"支部+协会""支部+基地"

"支部 + 合作社""支部 + 责任区"的"四加"模式，在龙头企业、市场、合作社、农户之间搭建桥梁纽带，实现党群共富、利益共享。

（三）建立生态文明建设司法保障机制

建设生态联动调处机制。长汀县逐步探索建立生态联动调处机制，例如，县法院对工作中发现的问题及时向相关部门发出司法建议。2013 年 4 月以来，针对发现的一些问题，向相关部门发出司法建议 16 条，与森林公安干警、河田林业工作站人员验收复绿补植案件 5 件，进行就地勘查复绿补植 5 人次，责令相关刑事被告人补种、管护林木面积近 2000 亩，被毁林地 100% 重披新绿。长汀县公安召集各警种组织开展了"清积案会战"、打击破坏候鸟等野生动物资源专项行动、严厉打击破坏林地违法犯罪专项行动、夏秋林区治安整治专项行动、"2014 天网行动"和林区治安整治行动等多个专项行动，有效打击了破坏生态资源违法犯罪行为。共计查处森林三类案件 125 起，破 125 起，打击处理违法犯罪人员 126 人次，没收木材 139.1 立方米，林业行政罚款 30.44 万元，为国家和集体挽回直接经济损失 149.89 万元。

推行生态司法"三三"工作机制。长汀县法院根据司法公正的要求，大胆进行体制机制创新，推行生态司法"三三"工作机制，即"庭前三调查"（查生态毁坏程度，查被告人有无复植补种能力，查社会各界的看法和态度）、"判前三落实"（落实被告人签订复植协议和缴纳履约保证金情况，落实宣传教育措施，落实被告人悔过情况）、"判后三督促"（督促复植补种的开展，督促司法建议的落实，督促保证行为的落实）。该机制自 2012 年实行以来，审理失火、盗伐滥伐等涉破坏生态、影响水土治理的刑事案件 106 件，缴纳履约保证金 84.346 万元，督促被告人签订、履行补植协议 52 份，复绿补植面积 1686.9 亩。审结生态民事、行政案件 78 件，调解、协调化解 53 件，诉前化解或参与化解 126 件，有力推动了复绿补植工作的有效开展，促进了被损生态的快速恢复，为巩固水土治理成效、推进生态文明建设起到积极作用。

图 6 - 2 长汀的"绿色司法"创新实践

建立生态"大调解"机制。长汀县法院指导各基层调委会开展生态资源纠纷排查调处工作，参与重大、复杂、疑难纠纷的调解，直接受理并调解成功山林权属、矿产水利资源等生态资源纠纷 26 起。在河田及相邻的三洲、策武、南山等乡镇开展了"调解在一线"生态资源纠纷专项排查调处活动，相关工作人员深入各有关乡镇，组织镇、村调解人员开展山林权属纠纷排查，并指导村级人民调解委员会成功调解纠纷 72 件，对每件纠纷线索，均落实调解人员上门走访，切实做到将纠纷化解在基层，消除在萌芽状态。

（四）健全生态文明建设投入机制

用好用足国家扶持机制。近几年来，长汀县积极参与赣闽粤原中央苏区振兴发展规划、《长（汀）连（城）武（平）扶贫开发试验区规划》编制工作，通过规划落实原中央苏区县参照执行西部地区政策、扶贫开发等扶持政策，形成长效的扶持机制。对中央和省、市有资金投向项目的坡耕地水土流失综合治理工程试点、水土流失综合治理、长江流域防护林体系三期建设工程、林木种苗良种繁育工程、油茶产业、林业基础设施建设等，长汀县各有关部门共同做好项目申报、跟踪工作，确保项目、资金落实到位。在实践中逐步探索出"资金跟着项目走，项目跟着规划走"的路子，建立了项目储备库，形成"策划一批、上报一批、实施一批"的项目储备滚动机制，为持续推进水土流失治理和生态文明建设提供源源不断的项目、经费支撑。

完善资金管理体制。为整合环境保护和生态建设资金，提高资金使用效益，按照投入渠道不变、建设内容不变、管理责任不变的原则，统筹运用和安排。实行"三集中"，集中资金，集中投向生态文明建设的重点领域和项目，集中解决生态文明建设的重点问题。2015 年出台《长汀县中小河流治理重点县综合整治项目建设和资金管理办法》，从项目资金的筹措、使用、支付等方面加强对项目资金的监管。

建立多元化的投融资机制。为激发生态建设活力，推进绿色富民产业，长汀依托"谁绿化谁拥有、谁投资谁受益、谁经营谁得利"政策，建立健全完善政府主导，公司企业、民间资本、林农和社会为主体多元化的水土流失治理及林业生态建设投入和经营机制。2013 年长汀县委、县政府出台《关于全面推进扶贫开发工作的实施意见》，将健全生态补偿机制列入推进全县扶贫开发工作的重要内容之一，规定在重点水土流失区生态公益林通过营林措施，其平均蓄积量超过考核年度当年商品林蓄积量平均值，郁闭度达到 0.8 以上的，对增长部分公益林面积按每亩给予 6 元奖励，每五年考核一次。对连片营造速丰林 200 亩以上的每亩补助 100 元；对新造油茶林和现有油茶林改造的每亩分别补助 300 元、150 元；对毛竹林集约经营项目每亩补助 100 公斤毛竹专用肥；对林权抵押贷款用于发展油茶、毛竹、花卉苗木、林下经济等产业的，优先申报国家财政 3% 的林业贷款贴息。为加快生态保护融资平台建设，长汀还鼓励风险投资和民间资本进入环保产业领域。例如，为使企业、造林大户资金向林业聚集，引导林权流转，通过自愿有偿转让、出租、合作等形式林权流转面积计 133.74 万亩，既推进了"公司 + 大户 + 农户"林地适度规模经营模式，又促进了林业生产从资源经营向资产经营的转变。目前，长汀造林面积在500 亩以上的造林大户达 33 户，非公有制造林面积占全县造林面积的85% 以上。

（五）建立生态文明建设考评激励机制

建立生态建设绩效考核机制。长汀县探索将生态建设指标列入干部考核评价体系，把美丽乡村建设、封山育林、小流域治理、森林覆盖率等 7方面 31 项指标纳入干部考核评价体系之中，半年度考核一次，考核结果作为评价各地区和各部门领导班子和主要领导政绩、实行奖惩与任用的依据之一。

将生态建设指标列入干部考核评价体系

生态文明建设，党政干部是一个关键性的因素。近年来，长汀在生态文明建设过程中，提出打造"汀江流域生态经济走廊"目标，为了引导广大干部树立"绿色政绩观"和"功成不必在我任"理念，将生态建设指标列入干部年度绩效考评，充分发挥生态考核制度的激励和导向作用，使生态建设考核指标成为"硬杠杠"，以此来考量干部年度考核等次。

根据"汀江流域生态经济走廊"规划要求，将全县划分为自然保护与生态休闲观光区、生态宜居城市与文化名城保护区、稀土工业与工贸发展区、小城镇综合改革试点区及晋江（长汀）工业发展区、水土流失治理和生态文明建设示范区、生态保护种植与现代农业示范区等六个功能区，根据各功能区规划特点，制定 13 个相关乡镇和县直相关职能部门领导班子和领导干部生态建设考评办法，重点考评支撑各乡镇生态建设项目完成情况，涵盖了美丽乡村建设、封山育林、小流域治理、森林覆盖率、小城镇建设以及群众满意度等六大方面。

在干部选拔任用上，充分征求林业、水保、环保等部门意见，对在水土流失治理、生态文明建设中表现优秀的干部给予提拔重用，对急功近利、片面追求 GDP 发展而破坏生态环境，特别是造成大范围水污染、大气污染、森林失火面积过大等重大生态环境事故的实行责任追究。在科学的激励考核制度下，在水土流失治理工作中多名表现突出领导干部被提拔重用，这种以生态考核为导向的政绩观用人制度，使生态文明建设的主体责任落在实处。

加强生态资源离任审计。近年来，长汀积极探索完善领导干部自然资源资产离任审计制度，以领导干部任期内辖区森林、土地和水等自然资源资产变化状况为基础，根据被审计领导干部任职期限和职责权限，对其履行自然资源资产管理和生态环境保护责任情况进行审计评价，明确追责情形和认定程序，依法准确界定被审计领导干部对审计发现问题应承担的责任。同时，加强审计结果运用，由审计局开展领导干部自然资源资产离任审计并将审计评价结果作为领导干部考核、任免、奖惩的重要依据。

建立生态乡村激励机制。为激励生态创建，建立健全生态创建机制，县政府出台并落实了生态创建"以奖代补"政策，对获得生态乡镇、生态村命名的乡镇、村进行了奖励，国家级生态乡镇奖励 10 万元，省级生态乡镇奖励 8 万元，国家级生态村奖励 2 万元，省级生态村奖励 1 万元，市级生态村奖励 0.5 万元。

（六）建立生态文明公众参与机制

制定并完善村规民约。乡规民约是村民根据党的方针政策和国家的法律法规结合本村实际在农村实行民主管理的具有权威性的综合性规章制度，是被广大群众公认的治理村庄的"地方性法规"。乡规民约由村民制定，其相关内容被大多数村民熟知和认可，所具有的规范作用和影响力能够有效弥补国家法制的不足。长汀县共有 18 个乡镇辖 290 个村民委员会，建立村务监督委员会 290 个，村村都制定了村规民约，其内容涵盖土地管理、矿产资源的保护、水土流失保护、环境卫生、森林防火等涉及生态保护的内容，将鸣锣示警、违禁者宰猪示罚等宣传闽西客家防火护林禁伐等传统方式予以确定，村民委员会在处理破坏生态事件时依规办事，既惩罚了违规者，又起到了很好的宣传教育作用。

建立环境信息公开制度。信息公开是公众参与的前提和基础。为此，长汀逐步建立完善政府与民众之间的信息沟通机制，畅通信息公开的渠道，保障公众对环境信息的知情权、参与权和监督权。制定出台鼓励措施，引导市民提出积极的资源节约、环境保护意见，建立公众与政府信息互动的工作机制。2017 年 2 月，长汀县住房和城乡规划建设局根据《环境影响评价公众参与暂行办法》（国家环保总局环发〔2006〕28 号）的规定，对"长汀县城生活垃圾无害化处理场项目"有关环境影响评价信息进行了公示，公开征求公众的意见和建议，收到良好的效果。

总之，长汀的生态文明建设紧紧按照党的战略部署，在实践中逐步形成了一套符合长汀实际、具有县域特色的制度体系，涵盖政策法规、体制机制、指标体系、考核办法等一系列内容，形成了制度的合力，发挥了制度的导向作用，释放出生态文明建设的"制度红利"。

三　完善生态文明制度建设的思考

长汀生态文明建设的实践成效得益于注重生态文明制度建设释放出来的"制度红利"，在生态文明制度建设方面积累了比较丰富的经验。随着生态文明建设从水土流失治理到生态家园建设的跃升，其制度建设的层次也应同步跟进。

（一）长汀生态文明制度建设的经验

长汀生态文明制度体系建设的初步成效，诠释了党的十八届三中全会提出的"加快建立系统完整的生态文明制度体系"这一全新命题，提供了县域生态文明制度建设方面的实践经验。这一经验概括起来主要体现在生态文明制度建设的主体多元性以及可持续性上。现代治理体系强调和凸显的是多元主体、多元参与。长汀生态文明制度建设的主体的多元性，体现了党政主导、市场主体、公众参与的多元治理机制。在生态文明制度建设过程中，始终把握住党政、市场、公众三个层面，形成以"党政"为主导的生态文明管理制度，发挥宏观指导的作用，对生态建设严格规制；以"市场"为主体的生态文明市场制度，发挥市场活力；以"公众"参与为目的的生态文明公众参与制度，调动社会积极性。党政、市场、公众三者之间，多元互动、紧密配合、相互补充。

党和政府是生态文明发展战略的制定者、推动者和实践者。良好的生态环境是一种公共产品。古希腊思想家亚里士多德认为，对公共事务的治理来说：凡是属于最多数人的常常是最少受人照顾的事物，人们关怀着自己的所有，而忽视公共的事物，对于公共的一切，他至多只留心到其中对他个人多少有些相关的事物。这说明，在公共服务方面仅靠个人的力量是不可持续的。因而，政府理应承担起维护公共利益的重任。生态文明建设，功在当代，利在千秋，是最大的也是最普遍的社会公共利益，政府具有维护和实现公共利益的职能，能够有效解决公共产品和公共服务过程中存在的不合作、搭便车等问题。政府这只"看得见的手"，通过制定各种制度规则、蓝图规划、科学决策等，在生态文明建设和增进社会共同福祉过程中，发挥着极其重要的作用。长汀县委、县政府根据长汀生态文明建设实践的要求，制定了《福建长汀汀江国家湿地公园总体规划》《关于加快推进现代农业发展的实施意见》《中共长汀县委·长汀县人民政府关于加快旅游产业发展的实施意见》《中共长汀县委·长汀县人民政府关于加快推进生态家园建设的实施意见》，这些意见和措施有效传导了中央关于生态文明制度体系建设的目标体系和路线图，体现了党和政府在生态文明建设中宏观决策者、具体推动者、全程监督者的作用，增强了生态文明建设的决策力和执行力。县发改委编制完成《汀江生态走廊建设规划》《长汀水土流失治理和生态文明示范区建设总体规划》等规划，从宏观层面推进产业结构调整、改善民生、建设生态文明示范点等，有力地推进了生态文明建设。国土资源部门通过推进节约集约用地、推进土地执法监督、推进地质灾害防治、推进绿色矿山创建等推进生态文明建设。县环保局加强环境宣传教育、重点流域整治、污染物减排防治、项目环境管理等，各级党政部门各司其职又形成合力成为长汀生态文明建设蓝图的规划者、推动者和实践者。

市场是引领生态文明制度体系建设的重要主体。党的十八届三中全会提出了要使"市场在资源配置中起基础性作用"。这当然包括要使市场这只"看不见的手"，在优化生态环境资源配置中发挥基础性作用。传统观点认为，公共事务若交由私人通过市场化策略进行处理，将出现公地的悲剧——公共性受到损害，并导致公共利益的流失。长汀生态文明建设的实践走出了传统认识上的误区，在生态文明建设过程中，通过加强制度供给，促进了环境资源在市场主体间的合理流动。例如，推行拍卖、租赁、承包、股份合作等水土流失治理机制，按照"谁治理、谁投资、谁受益"的原则建立林权流转制度，就是利用市场机制推进生态文明建设的有益实践。这是因为，为了寻求经济利益，市场经济行为主体相互之间展开竞争，按照优胜劣汰的法则来决定经济利益在主体间的分配，使行为主体的活动与市场竞争状况直接联系起来，从而间接地调节市场的运行，对生态环境的资源配置产生积极影响。

公众参与是生态文明制度体系建设的重要保障。在生态文明建设中，公众是一支重要的力量，是生态文明建设的中流砥柱和力量源泉，具有政府和市场所不可比拟的优势。因此，在生态文明制度建设上，吸引和推动公众力量参与生态文明建设是制度创设所必须考量的一项重要内容。公众力量的参与，一是整合了资源，包括能够整合社会中散漫存在的人力、物力、技术等社会资源；二是克服了政府和市场的滞后性。政府政策的调整往往是在破坏性现象出现以后才会做出，市场逐利的天性也往往在面对利益的时候才会主动调适，而生态文明建设过程中效益的呈现是一个缓慢的过程。长汀通过健全完善生态文明建设公共参与机制，保障公众对生态文明建设的知情权和参与权，提高公众参与生态家园建设的积极性和主动性，在全社会形成浓厚的生态文明建设的新风尚。

可持续性是生态文明制度体系建设的内在需要。生态文明建设是一个长期的历史实践进程，生态文明制度建设的一个主要功能在于保证生态文明建设的可持续性。生态文明制度建设的内容，涵盖了环境、政治、经济、社会、科技、人文协调发展的制度体系。从长汀生态文明制度体系建设的具体内容看，生态文明的制度规则有《长汀水土流失治理和生态文明示范区建设总体规划》《关于封山育林禁烧柴草令》《关于护林失职追究制度》等生态环境保护制度，有《关于加快推进现代农业发展的实施意见》《关于加快旅游产业发展的实施意见》等生态经济制度，有名称文化保护和旅游开发中的生态文化制度，有《美丽乡村建设实施方案》《创建"福建省优秀旅游县"实施方案》《优秀旅游县检查标准》等生态社会制度，这些制度规则体系建设，将经济发展、环境保护、民生事业、社会文明等方面有机结合起来，着力从制度层面破解经济发展和环境保护之间的"二律背反"，用制度来保证长汀生态文明建设的可持续发展。

（二）进一步完善生态文明制度建设的思路

当前，构建生态文明制度体系既面临着难得的历史机遇，同时又面临着艰巨复杂的现实挑战。一方面，社会公众的生态保护意识逐步增强，参与生态文明建设的主动性和积极性不断提升，特别是生态资源破坏和恶化所形成的外部约束力形成了较强的"倒逼"机制。另一方面，生态文明建设的制度、体制、机制还不健全不完善，影响和制约了生态文明建设的进一步深入开展。因而，必须凝聚改革的共识，推动包括生态文明制度、体制、机制在内的一系列改革。

构建完整的生态文明建设制度链。建立系统完整的生态文明制度体系，用制度保护生态环境，是实现美丽中国愿景的必经途径。长汀县重视生态文明制度的合理建构，防止由于制度缺位或制度内在缺陷影响生态文明建设的实践。但在实践中，一些制度设计仅仅是针对生态环境问题而提出具体的应对性的政策措施，这种制度设计固然具有很强的现实针对性，但同时也缺乏前瞻性。更为重要的是，不同的制度之间衔接也不够顺畅，制度和制度之间没能形成相互衔接的链条。制度链理论告诉我们，为了最人程度地发挥制度效能，必须构建由具体的制度构成的包括正式的制度与非正式制度相互连接、协同运转的链状制度体系。因而，在制度设计中必须充分考虑制度结构的整体性与具体制度的协调性，实现以具体问题为导向的制度设计向整体性、结构性制度设计的转变。例如，林区群众"靠山致富"愿望强烈与林区林业管理制度的矛盾，就有赖于通过制度创新加以破解。长汀集体林权制度改革后，林区老百姓"靠山致富"的愿望十分强烈，根据《中共中央国务院关于全面推进集体林权制度改革的意见》，对商品林，农民可依法自主决定经营方向和经营模式，生产的木材自主销售。但是由于长汀生态治理任务艰巨，根据封山育林、区域禁伐等生态环保政策，重点生态区位的商品林和天然商品林既不能采伐利用，又没有生态补偿，林农对这部分山林的处置权和收益权没有得到落实。再加上全社会对林产品的需求量进一步增加，而供给量并没有增加，林产品供需矛盾突出，亟待通过集体林区林业管理制度改革加以破解。在今后的制度探索中，要进一步深化集体林区林业管理制度改革，大力发展商品林基地，探索开展放活商品林经营管理体制试点，在试点区域内放宽采伐限额、采伐树种、采伐树龄、采伐方式、树种起源等商品林采伐的限制规定，让林农、投资业主能够自主经营，发挥市场对商品林的调节作用，为商品林产业的发展注入新的动力，也为更好地保护生态公益林提供条件。与此同时，也可以适当提高我省生态公益林补偿标准，目前公益林补偿标准是17元/亩，可以参照经营商品林平均每年每亩50～100元的收益，进一步提高公益林补偿标准，合理补偿林区老百姓对公益林的收益权。

加强生态文明公众参与制度的建设。公众作为生态文明建设的一支重要力量，在生态文明建设中发挥着极其重要的作用。我国普遍存在的情况是，生态文明公众参与制度不健全、不完善。比如，存在环境信息公开不及时、不全面的问题。又如，公众对环境信息知晓度不高，沟通、参与、监督、反馈机制不健全，公众缺少具体有效的路径主动参与到生态文明决策中去，公众环境安全诉求无法得到及时满足，等等。上述问题在长汀也不同程度地存在。例如，2013 年长汀就出台了《长汀县关于建设美丽乡村的实施意见》、制订了《长汀县美丽乡村建设总体规划》，明确了以"庵杰—新桥—大同师福"生态保护线、"河田—三洲"生态治理线两条线为主线，以4个市级试点村和濯田水头村、四都圭田村、古城镇梁坑村、大同镇翠峰村、馆前镇坪埔村、童坊镇彭坊村等10个特色村为重点，全县18个乡镇44个村纳入"一事一议"财政奖补美丽乡村建设村。累计投入4877万元实施环境整治、房屋立面修缮、空心房拆除、绿化、亮化、公共配套、产业发展等建设项目165个。但在实践中，美丽乡村建设的宣传、发动还不够深入，示范性不强，缺乏有效的引导激励机制，致使部分农民参与美丽乡村建设的主动性、积极性还未被充分调动起来，"等、靠、要"的思想较为严重，"上面热，下面冷"，"干部干，群众看"的现象一定程度上还存在。这说明，群众对美丽乡村建设主动性不强，存在观望态度，尚未形成"美丽家园人人共建"的氛围。此外，美丽乡村建设的政策制定公众参与度不高，虽然在美丽乡村创建中也结合本地实际编制了相应的规划，编制后也广泛听取了意见建议，但由于多种原因往往停留在乡（镇）和村一级，很少征求到村民小组和农户。有些村干部，争上级资金争上级补助项目热心，存在只向上"要"的想法，没有调动群众参与积极性。因而，还必须进一步加大生态文明公众参与制度的建设，充分保证群众在美丽乡村建设中的参与权、话语权、决策权。

此外，环保社会团体较少，环保社会团体培育机制不健全。为此，要加快建立生态建设NGO（非营利性民间组织）基金，有计划地培育发展一批生态建设NGO典型，每季度定期举办环保生态建设人员培训，提高生态建设NGO人员的素质和专业水平。要进一步改革和完善现行民间组织登记注册和管理制度，研究制定扶持生态建设NGO发展的税收、财政等政策措施。积极建立公众激励机制，对积极赞助NGO组织的企业、个人给予公开表扬、表彰等荣誉，鼓励公众投身生态建设NGO发展。争取国内外知名绿色组织的资助，在获得项目资助同时提高长汀NGO的专业性和持久性。

健全完善生态补偿制度。党的十八届三中全会通过的《中共中央关于全面深化改革若干重大问题的决定》明确指出："要实行生态补偿制度，改革生态环境保护管理体制。"2016 年 3 月 21 日，财政部、环保部在福建省联合召开部分省份流域上下游横向生态补偿机制建设工作推进会，会上广东省与福建省、广西壮族自治区分别签署汀江—韩江流域、九洲江流域水环境补偿协议。根据协议，广东将拨付广西 3 亿元，作为 2015～2017 年九洲江流域水环境补偿资金，拨付福建 2 亿元作为 2016～2017 年汀江—韩江流域水环境补偿资金，这是破解流域生态补偿难题的重要制度探索。但是由于我国生态文明建设起步较晚，涉及的利益格外复杂，在实践过程中存在生态补偿标准不统一、内容不确定、对象不明确、补偿形式单一等众多现实复杂的问题。特别是长汀地处汀江、闽江、赣江上游，汀江自上而下分别流经汀江源自然保护区、大刺鳅种植资源保护区、汀江湿地保护区，流出长汀境内的汀江水质均为合格水质，为下游创造了良好的发展环境。长汀为保护汀江水资源的水质做出了重要贡献，付出了一定的经济代价，根据党的十八届三中全会提出的"要实行生态补偿制度"的要求，按照"谁开发谁保护、谁受益谁补偿"的原则，逐步建立环境和自然资源有偿使用机制和价格形成机制，逐步建立制度化、规范化、市场化的生态补偿机制，研究建立重点领域生态补偿标准体系，如汀江流域下游补上游机制，制定和完善生态补偿政策法规，探索多样化的生态补偿方法、模式，建立区域生态环境共建共享的长效机制。

将生态道德规范融入生态文明制度建设中。生态文明建设不是"毕其功于一役"的运动式的短期行为，而是持续渐进的实践进程。要使这一实践历史进程获得恒久的力量支撑，就必须使生态文明建设成为全社会成员自愿自觉的行为。而要提高全社会成员生态文明建设的自觉性，一个重要的方面就是要在全社会确立生态道德规范。宣传、教育等是确立生态道德规范的重要途径，但更重要的还在于把这种生态道德规范植入生态文明建设的制度安排中，使人们在这种制度环境中牢固持久地树立起生态道德意识。如通过制度设计形成资源节约和环境友好型的执政观、政绩观，强化企业的社会责任感和荣誉感，激励激发企业家的环境慈善之心，培育公众的现代环境公益意识和环境权利意识，逐步形成"利益相关，匹夫有责"

的社会主流风气，加大公众对政府环境保护工作的监督力度。

健全自然资源资产产权制度和用途管制制度。党的十八届三中全会明确指出：要健全自然资源资产产权制度和用途管制制度，划定生态保护红线，实行资源有偿使用制度和生态补偿制度，改革生态环境保护管理体制。产权是指主体对于财产拥有法定关系并由此获得利益的权利，包括所有权、支配权、收益权等。健全自然资源资产的产权制度是为了使自然资源具有明确的主人，由他获得使用这些资源的利益，同时也承担起保护资源的责任。要逐步建立健全自然资源资产产权制度，加快推进自然资源调查成果收集整理等基础性工作，编制全县自然资源资产负债表，建立全县自然资源与地理空间基础数据库，出台长汀县自然资源统一确权登记办法，逐步完成全县自然生态空间统一确权登记工作。制订长汀县自然资源产权制度改革实施方案，实行权利清单管理，明确各类自然资源产权主体权利，创新自然资源全民所有权和集体所有权的实现形式。全面建立覆盖各类全民所有自然资源资产的有偿出让制度，严禁无偿或低价出让，统筹规划建设自然资源资产交易平台。

建立生态文明建设的科学决策制度。要通过各种方式和途径，不断提高党和政府对建设生态文明的政治领导力和科学决策力。例如，把生态文明建设的主要任务与目标纳入国民经济和社会发展规划和年度计划，贯穿于国民经济社会发展的全过程。成立生态文明建设领导小组，对生态文明建设的重大事项进行统一部署、综合决策，协调部门、地区之间的行动。落实严格的责任制和考核制度，实行党政一把手亲自抓、负总责，建立部门职责明确、分工协作的工作机制，把生态文明建设工作实绩作为干部综合考核的重要内容。成立资源环境专家咨询委员会，建立健全公众参与重大行政决策的规则和程序，增强行政决策的透明度和公众参与度，对重大规划和发展项目进行科学的、有广泛社会参与的环境影响评价，对可能产生破坏性环境影响的重大决策和重大建设项目实行环保一票否决，增加资源环境主管部门在经济发展决策中的话语权。加强相关规划的协调、衔接，使生态文明建设的理念贯穿于区域发展各项规划。

第七章

生态家园的技术支持：长汀
生态技术的开发应用

"科学技术是第一生产力"，"改革科技体制，我最关心的还是人才"，这是邓小平根据当代科学技术发展的趋势和现状做出的总体性、全局性的战略判断。现代科技应用和人才的培养对于当代中国经济社会协调发展具有十分重要的意义，对于加快生态文明建设和推进生态治理现代化起着关键性的支撑作用。长汀在水土流失治理和生态家园建设过程中，十分重视现代科学技术的运用和生态技术人才的培养，使生态治理的能力和水平大幅度提高，生态人才在引领生态技术进步和乡村发展中发挥了重要作用。

一 生态技术之于生态文明建设的意义

（一） 生态技术及其功能

科技进步正在深刻地改变人类生产、生活的方式和质量，改变人们的思维方式和世界观。与此同时，科技进步也加速了现代化和可持续发展进程，推动人类逐步从工业文明迈向生态文明，这是人类文明发展的必然趋势，是引领当代中国经济社会发展的战略性选择。在生态文明建设过程中，生态技术的运用正在深刻改变传统生态治理的模式和路径，使生态文明建设收到事半功倍的效果。

一般而言，生态技术是指既可满足人们的需要，节约资源和能源，又能保护环境的一切手段和方法。与环保技术、清洁生产技术概念比较，更具广泛性和普遍性。众所周知，随着现代化进程的不断推进，人类在享受工业文明带给我们物质财富极大丰富的同时，也遭受着现代化的恶果——自然资源迅速枯竭、生态环境日趋恶化等，直接威胁到人类自身的生存和发展。特别是传统工业文明与自然资源供给能力、生态环境承载能力的矛盾日益尖锐，迫切需要更新发展模式，这客观上要求人类必须在生态科技方面加大创新力度，通过重大科技创新和关键技术突破支撑生态文明建设的良性发展。

生态技术主要有以下几个方面的功能：一是环境治理的功能。利用生态技术能够预防和控制人类对环境的破坏和污染，有效解决在企业生产和人类生活过程中造成的资源浪费和环境污染问题，有效治理和恢复已经被破坏的环境，减轻生态环境的压力。因而，生态技术是解决环境污染的根本手段，具有环境治理的功能。二是资源开发的功能。利用生态技术能够促进人类合理有效地利用不可再生的资源，开发可再生的资源，找到能够替代的清洁能源和环保材料，不断提高资源和能源的利用率。例如，通过加大对风能、太阳能、生物能等方面的利用，就能有效减少对石油、钢铁、木材等传统能源的过度依赖。三是生态文化引导的功能。生态技术在满足人的需求的同时，能够引导人们的思想和行为，提高人们生态文明的意识，改变传统的消费观念，提升人们的生活水平，促进生态行为文明建设。四是突破国际环境壁垒的功能。近年来，国外一些发达国家以保护生态资源、生物多样性、环境和人类健康为借口，设置一系列严苛的高于国际公认或绝大多数国家不能接受的环保法规和标准，对外国商品进口采取准入限制或禁止措施。作为一个发展中国家，中国的对外贸易深受这些限制和禁止措施的影响和制约，如果能加强生态技术的研发和利用，提高产品的生态技术含量，就能够有效突破国际环境壁垒对出口贸易的影响，并在激烈的国际竞争中真正占有一席之地。

（二）生态技术对生态家园建设的意义

人类要走出生态危机，走向生态文明，离不开生态技术的进步。作为生态文明建设的先行试验区，生态技术在长汀生态家园建设过程中，具有举足轻重的支撑作用。

第一，生态技术是支撑生态治理可持续化的基础性条件。20 世纪西方一些学者把人与自然的矛盾、生态危机问题看成是科学技术这一工具理性对自然宰制的结果，但纵观人类生态危机爆发的成因和历史，生态危机并非是因为科学技术的发展造成的，恰恰相反，正是落后的科技水平导致落后的生产技术和生产方式，进而造成资源浪费和环境破坏。长汀水土流失的历史，证明了基于落后的小农经济的生产方式、技术方式和生活方式正是水土流失的一个重要原因。在长期的水土流失治理实践过程中，长汀逐渐认识到推进生态治理现代化的关键因素在于现代生态科学技术的研发和广泛应用。当前，生态科学技术是长汀生态治理成功的一个关键性要素，生态科学技术和掌握生态科技的人才，已成为推动长汀生态治理和生态家园建设的不可或缺的重要支撑。

第二，生态技术是转变经济发展方式的关键因素。长汀曾经走过粗放型的经济发展路子，高投入、高能耗、低产出的传统经济模式使得长汀的经济社会发展越来越不协调，人与自然的矛盾越来越突出。向生态经济、绿色发展的转型是长汀经济社会发展的必然选择。发展生态经济的关键在于生态产业的发展，也就是要在生态系统承载能力范围内，通过挖掘可资利用的资源潜力，建设有利于生产发展与生态保护相结合、自然生态与人类生态相统一的现代产业。而要形成现代生态产业的关键在于生态技术的大量研发和广泛应用。随着长汀生态文明建设由水土流失治理向生态家园建设的逐步推进，生态技术在这一实践进程中的地位和作用越来越重要。当前，新一轮科技革命和产业变革已经到来，这对长汀的生态家园建设既是挑战，也是机遇，亟须将生态技术创新作为战略基点，彻底摒弃竭泽而渔式的发展方式，依靠现代科技和生态技术引领经济转型和社会发展。

第三，生态技术是引导企业转型升级的关键支撑。企业是实施生态技术的主体，生态技术是实现企业低碳发展、循环发展、绿色发展的重要支撑。企业存在和经营的目的在于获得利润或者实现效益，在生产活动中，企业参与生态经济、应用生态技术、实现生态管理，有助于做到"最佳生产，最佳经营，最少废弃"。对于企业而言，生产经营水平的提高，浪费的减少，能够大幅度降低生产成本、节约生产原材料，进而提升生产效率和效益，改善生产的质量和水平。在生态技术迅猛发展的背景下，现代企业要紧紧抓住转型发展的大方向，契合生态经济的现实要求，实现企业健康快速发展。所以，现代生态科学技术能够极大地改变生产方式，降低能源的消耗，是企业健康发展的重要支撑，也是企业发展的一个重要机遇。

第四，生态技术是提升生态文明建设能力的重要保障。生态文明建设的能力包括各种人力、物力、财力等基础性的要素，而现代生态科学技术发展正以越来越快的速度向生态文明建设能力的诸要素全面渗透，并同它们融合，逐渐成为生态文明建设能力中的一个先导性、黏合性的要素。生态文明建设必须抓住现代科技迅猛发展的机遇，通过研发、掌握和运用现代生态技术，不断提升生态文明建设的能力。

第五，生态技术是汇聚现代科技人才的重要纽带。现代科技的创造、发明乃至应用都离不开培养和造就大批的现代科技人才。随着生态文明建设的深入推进，现代生态人才作为智力资源在推进生态文明建设中的作用更加明显。作为山区县，长汀科技人才比较欠缺，不适应绿色发展对绿色科技人才的要求。当前，要充分利用向绿色经济转型升级的机遇，依托生态技术作为汇聚人才的平台和纽带，引进和培养一批掌握现代绿色科技人才，来推动生态技术的普及和运用。

二 长汀对生态技术的开发和应用

(一) 运用生态技术，创造发展契机

近年来，长汀在生态文明建设中越来越重视生态技术的开发应用，依

托生态技术，追求经济、社会、自然可持续发展，促进人与自然环境的和谐共生，为长汀水土流失治理和绿色发展提供技术保障和发展契机。

运用现代科技加强生态治理。长汀始终坚持尊重规律、依靠科技，积极开展与科研单位和高校的科技协作，指导水土流失治理，并以科技创新为载体，相关部门积极参与生态技术项目攻关。近年来，长汀先后参与"长汀水蚀荒漠化技术研究""水土保持'类芦'等草种适应性与抗性机理研究""闽西优良乡土阔叶树种选育及栽培技术研究""水土流失区杨梅生态园营建技术研究""南方水土流失区崩岗快速绿化技术研究"等多项重大科研攻关项目，并将科技成果运用于生态治理实践，提高了以水土流失治理为重点的林业生态建设科技含量。与此同时，长汀在水土流失治理过程中努力做到因地制宜、分类实施、科学规划、科学治理。对植被稀少、水土流失裸露林地，采用乔灌草立体同步治理模式，在短时间内覆盖林地，遏制水土流失，涵养林地水源，逐渐改善林地质量，促进上层乔木生长和生态快速恢复；对树种结构单一，生物多样性简单，抵御自然灾害能力较弱的林地，进行树种结构调整和补植修复，实施阔叶化造林，提高森林质量和生态功能。针对长汀林种树种结构单一的问题，长汀在水土流失导致生态恶化区和"二沿一环"一重山等重点生态区，补植套种阔叶树、乡土珍贵树，将现有低产低效林改造成"乔灌草"相结合的混交林、复层林、异龄林，提高林分质量，增强森林保持水土能力，同时，加强县、乡、村三级林业有害生物防治和监测体系建设，建立省级、县级森林

图7-1　长汀水土流失治理中的科技协作项目攻关

病虫害测报中心各一个，基层监测防治点 24 个，布设病虫害监测调查点 818 个。同时加强生物防火林带建设，累计完成 2600 公里。通过现代科技在生态治理中的有效运用，长汀生态治理的效率和水平大幅度提高，治理的可持续性逐步显现。

引导企业科技创新和生态化改造，建设三大生态工业园区。近年来，长汀通过严格的项目环评、环境准入和有效的奖惩激励，倒逼和引导企业不断加快科技创新与升级，推动园区产业升级改造和生态化改造，把长汀经济开发区打造成为国家高新园区，把长汀（晋江）工业园打造成省生态园区，把稀土园区打造成国家级新型工业化产业示范基地。在实施产业建设的同时，将污水排放管网等环保装备作为各企业硬性配套设施；建立政府、企业、居民三轮驱动的垃圾回收和处理系统；在现代制造业基础上发展现代服务业，又以现代服务业改造传统制造业；加快推进技术创新和技术改造，使之成为生态产业链中的重要延伸。

应用生态技术大力发展现代农业。现代农业是指应用现代科学技术、现代工业提供的生产资料和科学管理方法的社会化农业。现代农业的鲜明特点就是十分注重科技的推广应用。长汀十分注重发展特色生态农业，努力做到治理与开发相结合，治理荒山与发展特色产业相结合。在政府的引导下，长汀先后建立了杨梅、板栗、银杏等一批优质高效的农业生产示范基地。以技术为支撑，在水土流失生态恶化区探索发展经济林路子。以三洲万亩杨梅产业发展为例，1993 年县林业局引进东魁杨梅在三洲水土流失区种植 56 亩，科技人员总结出"早种、重剪、深栽、覆盖、套种"的10 字经验，以此技术为支撑，县林业局在河田、三洲等 8 个水土流失导致生态恶化的重点村推广种植杨梅，经试种性状表现良好，带动全县种植杨梅治理水土流失的热潮，既获得生态效益又获得经济效益。2000 年春，长汀县委、县政府做出由县林业局在三洲、河田两镇水土流失最严重的荒山上建设万亩杨梅基地的决定，抽调林业局科技人员蹲点三洲负责杨梅基地项目建设。在县林业局、三洲镇、河田镇的共同努力下，经过科学规划，精心种植抚育，到 2011 年种植杨梅 1 万多亩，年收获杨梅达 3000

吨，产值 6000 多万元，农民增收 2000 元。进入盛产期产量可达 6000 吨，产值 1.3 亿元，可解决 5000 人口就业。万亩杨梅基地建成，不仅治理了水土流失，改善了生态环境，也增加了农民的收入，为长汀县治理水土流失探索出一条可持续的发展之路。此外，长汀在农业发展过程中，围绕现代养殖业的发展，突出"猪—沼—果（林）生态型模式"、"全漏缝免冲洗环保型模式"、"干清粪环保型模式"、"生物发酵垫料床零排放环保型模式"、水产循环水养殖技术、工厂化养殖技术等生态养殖技术推广，防止养殖污染，使养殖业的发展与环境更加协调。

（二）汇聚科技人才，引领生态治理

聚才集智，引领治理。水土流失治理，科技是先导，人才是关键。长汀县坚持走科学发展的路子，积极搭建平台，大力开展引智引才工作，于 2003 年 9 月在河田镇成立全国第一家水土保持博士生工作站，投资 150 万元建立博士工作站房，引进土壤呼吸机、空气检测仪等高科技设备，建立占地 5000 多亩的水土保持科研基地，设有固定观测样地 156 个，标准径流小区 48 个，人工模拟降雨试验小区 5 个以及针阔混交林试验区，随后又相继成立了"长汀县水土保持院士专家工作站"（见图 7-2）"水土保持博士后研究站""南方红壤水土保持研究院""福建省（长汀）水土保持研究中心"的"三站一院一中心"等平台。依托这些平台，借智发力，先后与中科院、中国工程院、水利部水土保持研究所、中科院南京土壤研究所、北京林业大学、福建农林大学、福建亚热带资源与环境重点实验室、福建师范大学等院校开展科研协作，既为系统、全面、深度开展丘陵红壤区水土流失治理提供了实践平台和应用基地，又起到了"筑巢引凤"的作用，使得高层次科技人才汇聚长汀开展科技攻关，提升了长汀的水土保持科研实力，被人们形象地称为水土流失区高层次人才聚集区。这些平台建立以来，先后吸引了 12 名博士、45 名研究生在长汀开展研究，为当地治理水土流失提供了高层次的人才支撑和科技支撑。2014 年在河田水保站建立了占地 1200 平方米的"院士专家楼"内设实验室、宿舍、文化室等，并建有水土保持科技展览室。长汀县还与水利部监测中心共建试验场（站、室）三处即径流场、水文控制站、自动气象站。截至目前，共有试验基地20000多亩、拥有200多个水土保持样地、设有固定观测样地156个、标准径流小区90个、人工模拟降雨试验小区5个、气象观测哨1个，多媒体投影机、数码摄像机、数码相机等设备，为水土保持科研创造了基础条件。同时，通过科技攻关与实践，取得丰硕的相关科研成果，获得福建省科学技术进步二等奖一项、承担国家自然科学基金项目二项。2009年还争取到国家最高科研项目之一——科技部"十一五"国家科技支撑计划的子课题。这些研究成果，为水土流失治理提供了有力的智力支持。2008年被龙岩市人民政府授予"可持续发展试点单位"称号，2009年被水利部水土保持监测中心评为"全国水土流失动态监测与公告项目先进单位"。2012年"红壤丘陵区严重水土流失综合治理模式及其关键技术研究"获中国水土保持学会科学技术进步一等奖。2013年在全省率先被水利部评为"国家水土保持生态文明县"，2014年长汀县被评为"中国生物多样性保护与绿色发展示范基地"。

图7－2　长汀县水土保持院士专家工作站成立仪式

产研结合，科学治理。建立博士生工作站等平台后，国内科研机构、院校的科技人才利用这一产研平台，积极开展科研攻关，又将科研成果直接运用实践，取得了显著的治理效果。平台建立以来，首次与水利部生态工程技术中心、福建农林大学、中科院南京土壤研究所共同承担的"十一五"国家科技支撑计划重点项目"红壤退化的阻控和定向修复与高效优质生态农业关键技术研究与试验示范"，项目研究进展顺利，并取得了丰硕的成果，先后在国际刊物 PNAS（美国科学院院刊）、《中国水土保持科学》《水土保持学报》《水土保持应用技术》等刊物发表科技论文 94 篇。通过科技人才协作，创新了适宜南方水土流失区的"等高草灌带"、"小穴播草"、秋豆春种覆盖果园、"草—牧—沼—果"生态农业等治理模式。来自福建师大地理科学学院一对"博士夫妇"武国胜、林惠花成了基地的"常客"，带着一帮学生，潜心研究区域土壤侵蚀情况。高科技人才合力攻关，产生一系列的科研成果，形成许多水土流失治理法。如根据植被从亚热带常绿阔叶林—针阔混交—马尾松和灌丛—草被—裸地的逆向演替规律，提出了"反弹琵琶"治理理念，按水土流失程度采取不同的治理措施，进而保护植被，增加植被，改良植被；通过坡面工程与植物措施有机结合，创新了"等高草灌带"造林技术，有效促进径流泥沙的拦蓄沉积，控制水土流失；通过"老头松"施肥改造，促进"老头松"生长的同时，促长其他伴生树草，增加生物增长量；通过陡坡地"小穴播草"，以草先行，种草促林；通过"草—牧—沼—果"循环种养，形成植物生产、动物生产与土壤三者链接的良性物质循环和优化的能量利用系统，推动了生态效益与经济效益、治理工作推进与资源可持续利用的完美结合；通过幼龄果园覆盖科大豆春种，为果树生长创造良好环境；等等，科研成果的不断推出，促进治理成果的不断显现。数十年来，长汀县坚持以科技为先导，积极把科研成果应用于实践，水土流失面积下降到 39.6 万亩，植被覆盖率、森林覆盖率分别达 86% 和 79.8%，生态环境大为改善，野禽、飞鸟又飞回来了，断流了多年的小河听到汩汩的流水声，昔日的"火焰山"重新披上了绿装，被国家水利部誉为南方水土流失治理的一面旗帜，被中国水土流失与生态安全院士专家考察团誉为"南方水土流失治理的典范"。

聚才育才，协同治理。为汇集、培育更多的水土流失治理人才，长汀县积极抓好本土水土流失治理人才的培育，2014 年以来，结合国家、省、市水土流失治理关键技术应用项目推广，分别在重点水土流失区河田镇、濯田镇、三洲镇等乡镇开展治理技术培训 6 场，培训各村主干、水土保持员、护林员和水土流失治理专业户近千人次，印发各类培训资料 4500 多份。在长汀职业中专学校开展基层水土保持技术人员和水土保持专业大户培训 2 期，培训水土保持技术人员 1700 人次，进一步提高了水土流失区乡镇农民技术人员治理水土流失技术的质量和水平，有效推动全县水土保持生态文明建设。同时，在发挥水土保持高层次人才引领作用的同时，还注意发挥本土林业科技人员、"土专家"、农村实用人才和党员的作用，用他们的勤劳、智慧和才能，把实践成果转换成现实生产力，因地制宜，各显身手，积极探索"项目＋基地＋人才"的治理模式，促进了一大批水土流失治理成果的生成，涌现了不少水土治理的典型，在河田、三洲、策武等地随处可见"草—牧—沼—果"的治理模式得到具体的推广应用，河田露湖科技生态园、三洲的杨梅种植基地、长汀策武的银杏种植基地、长汀策武万亩果场等都是运用科技成功治理水土流失的生动写照。通过这些科技人员、"土专家"、农村实用人才和广大党员广泛参与，既提升了治理效果，加快了全县水土流失治理的进程，又培养了大批优秀人才。如治理荒山 30 载，年近花甲不言弃的长汀"种果大王""土专家"、全国农村科技致富能手、全国劳动模范赖木生，受到来长汀视察工作的时任省委书记项南的指引和鼓励。在县里相关部门的支持下，赖木生 1994 年秋天在河田水土流失区——松林村，投资 40 万元，种下了 500 亩的板栗。1999 年冬他又在策武水土流失区开发种果 700 亩，种上了油桃、板栗、水蜜桃、杨梅、早熟梨等 8 个品种，不断地调整品种结构，获得了很好的经济效益和社会效益，每年产值在 100 万元以上。在他的示范带动下，广大农民纷纷加入水土流失区种果热潮，河田形成了万亩板栗，三洲杨梅基地，大同有了千亩油奈基地，经过多年的发展，赖木生个人种果面积总计达 1380 亩，成为远近闻名的"种果大王"，其本人也购买小轿车，住上了小洋房，如今踌躇满志地带领广大乡亲们共同致富，为农民提供种苗、技术、信息，帮助果品销售，带动一大批农民走上致富的道路。长汀三洲镇果业种植大户，人称"荒山愚公"的黄金养，1998年积极响应县里关于治理水土流失，开荒种果的号召，在许多村民还存在等待观望时，毅然承包了300亩荒山，签订了50年合同，和妻子起早摸黑，不惧水土冲刷，果苗被毁，坚持不懈地开荒、整地、种树，经过反反复复的种植，果苗终于在荒山上扎下根。几年之后，不仅获得可观的经济收入，也绿化了荒山，涵养了的水源。2001年他又一次承包了500亩荒山，种植杨梅，并经常请技术员现场指导，苦尽甘来，2006年所种植的杨梅挂果，年收入达50多万元。同时，在他的带领下，不少村民加入了杨梅种植行列，目前全乡5亩以上的种植户达190户。如今，他担任乡杨梅协会常务副会长，经常带领果农外出浙江等地学习取经，订购农机设备，推广果园机械化，成为远近闻名的"致富带富能手"，2001年被评为省劳动模范。县林业局高级工程师范小明，积极响应林业科技工作者主动参与水土流失治理的号召，带头参与林业系统种植杨梅，经过10多年的治理实践，他总结出"早种、重剪、深栽、覆盖、套种"10字经，常年为种植户提供技术服务，走遍了每个种植山头，到2004年先后在三洲镇的三洲、小溪头、桐坝，河田镇的窑下、罗地、马坑、伯湖和露湖等8个村共种植杨梅8453亩，带动当地农民种植近万亩，杨梅种植区水土流失得到根本治理，农民收入显著提高，生态环境明显好转。

（三）推广现代养殖技术，服务农业发展

长汀不断推广生态科技和现代化的养殖方法，推动绿色经济发展，促进富有特色的生态农业产业的形成。长汀坚持以科技服务为先导，结合新一轮水土流失治理和生态县建设，抽调林业科技人员，组成竹业、油茶、病虫害防治等6个科技服务组，进林区开展毛竹竹腔施肥、山地果园抚育、油茶丰产栽培等新技术应用培训服务和开展各种技术咨询服务，使生态技术能够在乡村中得到运用和普及。

为了加快现代科技的运用，长汀主动对接科研院所。福建省农科院微

生物发酵床大栏生猪养殖系统项目，在长汀县红山乡元岭村开工建设，由县级示范家庭农场万家丰家庭农场组织实施。该项目是生猪新型养殖项目，具有省工、省本、污染小、推广价值高等特点。万家丰家庭农场计划投资1000万元，建立存栏10000头生猪的现代化微生物发酵床生猪养殖基地和年产6000吨有机肥的有机肥厂。项目年可节水2.19万吨，实现生猪养殖污染物零排放，总计减少污染物排放2.92万吨，年产的有机肥可改良3000亩优质稻种基地土壤。

长汀县宣成乡也大力扶持和发展一些现代农场，先后扶持胜福养殖有限公司、欣欣乐渔业合作社，建成生态养鱼示范场；培育省级示范农场长汀县梓牧家庭生态农场，引进南江黄羊种羊，建立种羊繁殖基地，带动周边养殖珠鸡；在中畲、畲心、兰田发展竹山养羊示范户；培育种植仙草、太子参、甜玉米、小黄姜等高优品种。运用先进的生态养殖技术，以点带面，推动生态养殖业的发展。

（四）培育技术人才，服务长汀经济建设

长期以来，制约长汀经济社会发展的一个重要因素在于缺少人才资源，尤其是生态科技人才的欠缺。近年来，长汀通过"就业信息到户、免费培训到人、搭建平台进镇、跟踪服务上门"等一系列的具体举措，搭建起人力资源培训就业平台，为县域经济社会发展和生态文明建设提供了有力的人才支撑。2014年，全县举办畜牧业"五新"技术培训班10期，举办水产"五新"技术培训班16期。

针对庵杰、铁长、新桥、馆前等生态旅游发展重镇，县人社部门会同乡镇劳动保障事务所采取联合办班的方式，开展旅游项目培训，做到"培训一人，就业一人"；针对三洲、濯田、涂坊、宣成等生态农业发展重镇，县人社部门则大力实施"绿色就业"工程，把种养殖项目培训班、创业培训班办到群众家门口，并认真落实创业就业政策，扶持发展大田经济、林下经济和绿化荒山等创业典型户，带动就业5600多人，有力减轻了劳动力增长对生态治理的压力，同时还树立了一批种植油茶、杨梅、银杏、毛竹等自主创业的典型。例如，濯田镇园当村的马雪梅，在创业政策扶持下，采取"猪—沼—果"模式治理水土流失，承包果场 428 亩，不但成了"绿色创业"的典型，还带动了邻近的长巫、园当、莲湖 3 个村 19 户村民就业，不仅为长汀水土流失治理做出显著贡献，其本人也取得了良好的经济效益，日子过得红红火火。针对汀州、大同、策武、河田等发展工业重镇，长汀县人社部门认真落实培训资金直补企业政策，对推荐进厂但缺岗位技能的农民工由企业负责开展岗位培训，培训费用由政府补贴给企业，使农民工"就业一人，培训一人"。同时，依托县人力资源市场及其网站，建立了以县劳动就业中心为龙头、乡（镇）劳动保障事务所为平台、村劳动保障协理员为骨干的三级服务网络，服务技术人才就业。

三　长汀生态技术建设的经验与思考

长汀生态文明建设实践证明，水土流失治理实践越是深入，生态技术的支撑功能就越大，作用就越明显。从生态治理到生态家园建设的转型升级，必须在总结经验的基础上，进一步强固和提升生态技术的支撑作用。

（一）长汀在生态技术开发和应用方面的经验

长汀注重生态技术体系建设，按照生态系统协调运转的规律来处理人与自然的关系，在生态技术运用的实践中取得了成效，积累了有益经验。

注重现代科学技术对生态文明建设的支撑和引领。当代生态科技的发展为生态文明建设提供了技术保障，为绿色发展、人与自然的和谐共生开拓展示了广阔的、富有生命力的前景。只有科学技术成果在生态文明建设中得到广泛应用，才能真正地推动生态的恢复、自然的保护和环境的改善，实现对环境资源的永续利用。当前，我国科技进步和全面创新迎来重要机遇，新一轮科技革命和产业变革加速推进，以信息技术为核心，生物、新能源、新材料与低碳技术等领域技术的群体性突破，加速推动新产业、新业态、新模式生成兴起，为我国实现发展动力的转换和结构调整带来了机遇。绿色科技与绿色经济更加紧密地融合，科技成果转化应用速度加快，创新资源全球流动加速，为更好地发挥科技创新的核心动力作用奠定了基础。长汀仅仅抓住现代科学技术的发展趋势，在生态治理过程中以科技创新为战略基点，以绿色技术为引领，将新技术运用到生态环境治理和生态家园建设过程中，节约了人力、物力，形成了绿色产业链，推动了经济社会发展与生态环境良好的双赢。

注重依靠现代科技推动企业的生态化改造。长汀在生态工业园区的建设过程中，始终把促进科技实力和自主创新能力提升作为实现创新驱动发展的基础与关键环节，把促进经济实力和社会生产力提升作为实现创新驱动发展首要任务。这就需要全面推进科技创新，开展重要区域、重点行业、重点领域的减量化、资源化、产业共生链和系统集成等关键技术的集成和应用。积极进行管理创新，尊重市场规律，更好地发挥政府作用，创造良好的竞争环境，由粗放型管理向科学化、精细化管理转变，由经验管理向制度管理和文化管理转变。毋庸讳言，长期以来，政府十分重视企业的转型升级，但是找不准转型的方向和载体，更有甚者把企业转型当作企业提高生产效率、扩大生产规模等，忽略了企业转型升级的本质内涵。在这方面，长汀有着清醒的认知，在招商引资过程中重点引进一些环保型企业，针对一些高污染、高能耗、低附加值的企业，通过政策引导的方式，推动企业的生态化改造。与此同时，进一步加快工业企业生态化改造步伐，着力在项目推进、环保宣传、环境执法等方面形成合力，加强政策扶持力度，完善政策辅助机制，促使助企、惠企的政策真正落到实处，服务于工业企业的生态化发展。同时，努力做好生态化改造试点企业的经验总结，以示范引领带动项目推广，确保好经验、好做法发挥其积极作用，确保工业企业生态化改造工作的全面推进。长汀在引领经济社会发展过程中，注重现代科学技术在企业生产中的应用，不仅提高了生产效率，而且降低了成本和原材料投入，蹚出了一条内涵式发展的新路子。

注重生态技术合作引进。长汀在科技改造和技术升级过程中，一个鲜明的特点就是恰当有效地发挥政府的作用，通过政府服务方式的转型，不断提升政府引领经济社会发展的能力。长汀县政府能准确把握住经济社会发展的时代脉搏，通过自身能力的提升，创造各种条件主动引导企业的转型升级。比如，通过组织引导企业与福建省纺织研究所和一些科研院校建立合作关系，积极参加上海机博会及"4·18"、"6·18"人才、项目、技术对接会，开展送信息、送技术、送项目、送服务进企业活动，等等，在促进纺织产业优化升级方面发挥了十分重要的作用。长汀高度重视专业岗位技术干部和拔尖人才的培养和引进，加大引才力度，制定配套优惠政策，留住人才，并有效发挥作用。长汀还注重加强与中科院、福建农林大学、福建师范大学等高等院校和科研院所的科技协作，围绕县域可持续发展的重大问题，加强科技攻关，努力突破一批节能环保、应对气候变化的关键技术，并把高新技术渗透到各个专业中，形成产学研一体化，推动科技成果转化，为节能减排、绿色工业可持续发展提供动力。

注重生态技术在生态治理与生态产业相结合中的作用。生态兴则文明兴，生态衰则文明衰。加强生态治理建设生态家园的目的，一方面是实现"生态美"，另一方面是为了实现"百姓富"。"生态美"和"百姓富"辩证统一于长汀的生态文明实践过程中。在长汀生态文明建设的宏观思路中，始终注重将生态治理与生态产业紧密结合，既要金山银山，又要绿水青山。长汀在生态科技应用上注重生态治理与生态产业相结合，有效解决了生态治理实践中长期存在的"二律背反"的难题，是推进生态治理可持续化的一条重要路径。

（二）生态技术建设的问题与思考

人才需求量大、生态技术创新要求高与生态人才体系、生态技术支撑体系不健全的矛盾亟待破解。生态文明建设需要强有力的科技支撑和智力支持。长期以来，长汀在筑巢引凤、引进智力资源方面有许多探索和创新，但由于长汀财力不足、工资水平较低，对人才的吸引力不强，围绕生态文明县建设的人才，以及经济社会发展重点领域和生态产业急需的人才十分紧缺。受人才紧缺的影响和制约，生态技术支撑体系尚未建立，技术创新机制不完善，面对繁重的生态治理任务，全县水土流失治理和生态文明建设亟待强有力的科技支撑。比如，在一些乡镇水土保持规划设计中，生搬硬套技术规范的有关要求，照抄有关条文的现象普遍存在，导致措施布局不合理，治理技术难以创新。又如，在现代养殖业发展中，县乡（镇）专业技术人员和监管人员短缺，制约了对现代养殖技术的推广应用以及对养殖行业的有效监管。为此，要通过多渠道引进人才和现代科学技术，逐步构建生态人才和生态技术支撑体系。出台支持长汀生态人才引进和生态技术创新的政策，加大人才引进和企业技术创新的扶持力度，积极引导和支持高校毕业生、专业技术人员、科技领军人才、高端产业人才、创新创业团队到长汀就业、创业。对凡属于长汀生态产业链条上的人才到长汀就业、创业，在财税奖励、职称评聘、住房安置、医疗户籍等多个方面予以政策倾斜，并根据实际情况采取税费减免、社保补贴、资金补助等多种形式进行资金支持。对高等院校、科研院所和国有企事业单位职务发明成果专项应用到长汀生态产业建设的，成果转化所得收益，扣除成本后，可以以一定的股权比例奖励专业技术人才。领军人才到长汀创办企业，知识产权等无形资产可按一定的比例折算为技术股份。

农村养殖造成的污染治理与现代科技在养殖业中运用的矛盾亟待解决。由于历史和现实的问题，长汀县农村的养猪场量多面广，特别是汀江干流沿线乡镇河田、三洲及汀江支流濯田河、涂坊河、南山河所在濯田、涂坊等乡镇养猪场多，这几个乡镇的养猪存栏数占了全县的50%左右，许多养殖废水未经处理直接排放，且排放量大，导致汀江流域部分河段水质受影响。一些规模养猪场注重短期效益，环保设施投入不足，影响了养殖业污染的治理。再加上县乡（镇）专业技术人员和监管人员短缺，制约了对现代养殖技术的推广应用以及对养殖行业的有效监管，特别是养殖业污染治理和病死猪监管属地管理落实不够到位，动物疫病防控形势不容乐观。为此，一是要进一步加大对生猪养殖的污染治理力度，统筹规划，划定养殖小区进行统一全过程治理，可在全县养殖密集的乡镇利用山地优势划定一定数量的养殖小区进行统一全过程治理。二是要认真落实养殖业"两区"规划。按照属地管理的原则，加强养殖场建设监管，防止无序发展。禁止在禁养区内发展养殖生产，对限养区实行全过程综合治理，确保达标排放，防止养殖业污染，推动养殖业和谐发展。三是加大资金投入，支持现代养殖业发展。对积极实施生猪标准化改造的业主，支持其项目申报，进一步完善基础设施，提高标准化养殖水平；加大财政支持力度，加快乡镇病死猪无害化处理设施建设和禁养区猪场关拆工作，防止乱扔乱弃病死猪，推进养殖业污染治理；支持设施畜禽鱼项目申报。四是加大现代养殖技术推广。紧跟现代养殖业发展趋势，着力在生态技术、标准化养殖技术、设施畜禽、设施渔业等现代养殖技术方面给予重点推广，进一步提高养殖户（业主）养殖技术水平。五是强化重大动物疫病防控。按照国家规定的要求，着力抓好口蹄疫、猪瘟、猪蓝耳病、禽流感等重大动物疫病防控工作，保障现代养殖业顺利发展。六是充实县乡专业技术队伍和监管队伍。使技术推广工作和动物卫生、渔政执法监管工作更加有力开展，防止空巢运作，进一步提高服务现代养殖业发展能力。

产业结构的优化升级过程中发展速度和结构、质量、效益的统一亟待实现。走新型工业化的路子，科技创新是关键。现代科技日益成为推动经济社会发展的主导力量。尽管长汀经济社会快速发展得益于现代科技在生产、生活领域的广泛运用，但是科技创新和技术进步对经济社会发展的贡献率与其他县域相比仍有不小的差距，科技创新和技术进步的空间依然很大。要进一步转变观念，把经济发展建立在科技进步的基础上，这是转变经济增长方式、提高经济素质和发展能力的关键。在进行经济结构调整过程中要突出两个内容：一是加快信息化进程，发挥电子商务在农业、农民增产、增收中的作用。二是推动"产业的生态化"和"生态的产业化"。"产业的生态化"旨在提供产业的生态科技含量，避免走高投入、高消耗发展经济的路子。"生态的产业化"旨在从生态文明建设和环境保护中要经济效益，破解经济发展就会牺牲环境、环境保护就会影响经济发展这个"二律背反"，使生态文明建设和环境保护事业获得坚实的经济保障。

农村实用技术人才和生态文明人才的示范作用亟待发挥。长汀在农村致富和生态文明建设中，涌现出许多先进的实用生态技术人才典型，他们是引领长汀发展和生态文明建设的重要力量。要进一步发挥先进典型的带动示范作用，借助各种途径培养和造就农村实用生态技术人才。要充分利用县乡党校、农村党员活动室、科技示范园、各种产业协会、党员标兵示范岗和农村现代远程教育网络为培训阵地，聘请有关专家技术人员讲课辅导，采取课堂教学与现场示范、座谈研讨与经验交流相结合的方式，进行市场经济、农业产业化、致富技术、经营管理、生态文明等方面的培训，提高公众生态科技和生态文明素质。要按照生态文明建设内容要求，设岗定责，明确任务，在农村普遍设立生态产业技术示范岗、务工经商指导岗、生态技术致富信息服务岗、生态文明礼貌宣传岗、生态环境政策法规宣传岗等，按照人岗相宜的原则，把每个带头人确定到适宜的岗位，结合岗位性质和带头人自身特点，分别制定岗位职责，明确任务。营造尊重农村生态实用技术人才和生态文明人才的氛围。

结　语

中国特色社会主义生态文明何以可能?

"生态文明""绿色发展""美丽中国"成为我们这个时代的关键词。生态文明是基于一种生态价值理念以及在这种价值理念烛引下的生态实践来保证人类可持续生存与发展的新的生存方式和文明形态。"绿色发展"是生态文明所内蕴的可持续的发展理念和发展实践,其意旨是既要在经济社会发展中留得住青山绿水,又要在保护生态环境的同时实现人民富裕和国家富强。"美丽中国"是绿色发展和生态文明建设目标的具象化表达,是美丽生态与美丽心灵的和谐统一。生态文明、绿色发展、美丽中国不仅是一种发展的理念和价值目标,而且成为当代中国的实践进程。在当代中国,这一实践已经开始结出硕果并同时展示出它的充满机遇和生命力的前景。在生态泽被下的文明,有了永续发展的自觉与底气。

建设"美丽中国"是必须付诸生产和生活实践的长期历史进程。在这一进程中面临着问题和挑战,也蕴藏着发展的可能和机遇。如何抓住机遇、应对挑战需要进行新的探索和尝试。2016年,中办、国办印发《国家生态文明试验区(福建)实施方案》,要求推动一些难度较大、确实需要先行探索的重点改革任务在福建先行先试,发挥福建改革"试验田"作用,探索一种可复制、可推广的有效模式,引领带动全国生态文明体制改革。福建省被国务院列为全国首个生态文明建设实验区,而长汀则是这块实验区里最具地方性范本意义的一块试验田。如今，当年习近平总书记在这块试验田里种下的那棵樟树已经根深叶茂，绿满枝头。长汀的水土流失治理正在向习近平总书记所批示的"进则全胜"的方向推进，生态家园建设的各项任务正按规划得以落实并得到切实的进展，经济发展与环境保护呈良性循环发展的态势，福建省的"产业优、机制活、百姓富、生态美"的有机统一的生态省战略目标在长汀的实践已渐成气候，长汀正在走向社会主义生态文明的新时代。

作为社会主义生态文明建设的一个地方性经验范本，长汀的水土流失治理经验和生态家园建设对于我国生态文明建设具有普遍的意义；它所遇到的问题、挑战和机遇为我国的生态文明建设提供了一个需要去面对、研究和解决的问题域；同时，在更高、更远的层面上瞩目，长汀这一块试验田给我们回答"社会主义生态文明何以可能"提供了一个鲜活的实践案例。

生态文明建设，首先要解决好发展的价值理念问题。文明的实质首先是一种精神洞见和精神秩序，这种精神洞见和精神秩序的核心在于引导文明发展方向的价值理念。海涅曾说过，思想走在行动之前，就像闪电走在雷鸣之前一样。发展理念引导发展方向，有什么样的发展理念，就有什么样的发展。推进社会主义生态文明建设，首先必须转变发展理念，超越传统工业文明的发展理念，确立新的发展理念。这种新的发展理念，从"可持续发展"、"科学发展"到"绿色发展"，都是指在生态环境容量和资源承载能力的制约下，通过保护自然环境实现可持续发展的新型发展模式和发展理念，它是生态文明的主导价值。绿色发展是"绿色"与"发展"的有机结合，它不能仅仅停留在消极地应对生态环境的问题和挑战上，它应该有更高的层次和目标——在生态治理和保护的前提、基础上，建构适合于人类生存与发展的生态家园，推动经济社会和人的发展走向生态文明时代。长汀县曾经为以杀鸡取卵、竭泽而渔的方式求经济增长和生活温饱付出惨重的生态环境代价，严重的水土流失既是"天灾"更是"人祸"。改革开放以来，长汀人向往绿色，梦想着自己的家园绿满枝头，并在实践中把这种梦想变成现实。水土流失治理，长汀人给裸露的秃岭红壤换上了绿装；生态家园建设，长汀人给发展的蓝图注入了绿的底色。他们自觉地把生态保护作为经济发展的底线、红线，保护水土，保护生态环境，保护汀江母亲河，是长汀谋发展的前置条件。他们在生态治理成功经验的基础上，以绿色发展理念引领经济社会发展，推动生态文明建设由水土流失治理向生态家园建设转型升级，以绿色发展为价值理念谋篇布局，优化生产、生活、生态的空间布局，发展绿色经济，建构生态美、百姓富的绿色家园。绿色发展的价值理念，已经深植在长汀人民的心里，成为推动生态家园建设的坚定信念。

绿色发展是一个围绕人的发展为价值轴心的生态、生产、生活三位一体的可持续的良性互动的绿色循环的进程，绿色发展要处理好经济发展、生态环境保护和人民生活三者之间的辩证关系，将三者统一起来，在三者之间保持互动的张力，以人为本，走生产发展，生活富裕，生态良好的可持续发展道路。生态文明在一般意义上是人类在保护生态环境前提下的文明发展形态，是生态环境保护与经济社会发展相互涵容、相互促进的新文明形态。因而，生态文明建设所内蕴的本质关系就是发展与保护之间的关系。离开了生态环境保护、突破生态环境阈限的发展，那不是生态文明形态下的发展，是不可持续的发展。人类应当学会在自然的阈值边界内寻求生产之道，以此作为生存与发展的底线，在生态文明泽被下的发展，是以生态环境保护为红线、为前提的发展，是由绿色、生态来定义的发展，是以生态经济、生态产业、生态技术为支撑、为机遇的绿色发展、低碳发展、循环发展、可持续发展。不管何种社会形态都需要生产力的发展，但绿色发展不是资本主义制度下以追求利润为唯一目标的发展，而是在以人为本的价值目标中注入有益于发展的生态意蕴，创建一种理性的、公正的、符合生态规律的经济增长方式。同时，离开发展来讲生态环境保护，这种保护也是不现实的、一厢情愿的。没有在经济社会发展中来实现人们的利益，单纯的生态环境保护将失去内在的动力和经济社会的支撑而变成既无意义又不可持续的保护。长汀生态文明建设的一个重要经验就是把生态家园建设与经济社会发展辩证统一起来，使二者进入良性的互动循环，把生态优势转化为经济优势，用经济社会发展来保证青山绿水的永续常驻，在这种互动张力中实现生态环境保护和经济社会发展的双赢。他们在水土流失治理中引进利益机制，使人们能够在治理水土流失中实现利益，在环境保护中实现发展。如林权制度改革，"谁治理，谁投资，谁受益"和"谁造谁有"的政策导向，就吸引了广大群众和120多家公司参与造林发展经济林业和治理水土流失，通过推广"草—牧—沼—果"的循环种养发展生态农业等，既保护了水土，又促进了经济发展和群众利益的实现。他们在生态家园建设中以生态环境保护为红线，根据汀江流域的生态环境的内涵和特点来规划汀江两岸的发展蓝图，来优化生态、生产、生活的空间布局，在经济社会发展中注入生态环境保护的内涵。当然，作为一个山区的县域经济社会发展与环境保护之间并非没有矛盾，或者推及作为一个后发现代化国家的中国社会的经济发展与生态环境保护之间并非没有矛盾冲突。但问题在于，在中国社会现代化进程中面临严峻的资源、环境的压力下，资源、环境问题已成为中国社会发展道路的一道底线、红线，那么，我们就应该转变我们的发展思路和方式，把走绿色、低碳、循环发展道路作为中国发展的不二法门，将绿色工业、绿色农业革命看作新的经济发展的引擎，把资源、环境约束转化为绿色发展的机遇，把生态优势转化为发展优势，把保护生态环境与发展生产力统一起来，从而实现生态环境保护与经济社会发展的双赢。

无论是生态环境保护还是经济社会的发展，其所围绕的价值轴心是人民生活的幸福安康。"绿色发展"是新的时代背景下对以人为本的可持续发展理念的全新诠释。蓝天白云，青山绿水，环境优美，空气清新，是人民对美好生活的共同向往。良好生态环境是最公平的公共产品，是最普惠的民生福祉。事实上，在由人与自然的共生共融所构成的生态系统中，生产节律、生活节律、自然节律应当是和谐、循环、互动的，自然只有在与人类生产和生活相互关联和相互作用的辩证关系中才赋予了生态的意义。当我们把"自然"转换为"生态"时，就赋予自然以人类文明的价值背景。离开人类文明历史抽象谈论自然，把人类文明进步与自然对立起来，进而把生态文明理解为回归到人类屈从于自然的自在生存状态，是浪漫主义的生态中心主义。生态文明是超越工业文明的新型文明形态，它并不排斥技术进步和经济发展，反倒要以技术进步和经济发展为基础、为前提。生态文明并非回到穷乡僻壤的生存状态，也不认为在这种状态下人与自然的矛盾就得到解决。"山清水秀但贫穷落后，不是美丽福建；殷实小康但资源枯竭、环境污染，同样不是美丽福建。"福建省提出的"机制活、产业优、百姓富、生态美"的生态省建设的战略目标，体现了生态文明建设是一个以人为本的生产、生态、生活三位一体的互动进程。长汀生态家园的构建，贯穿着生态为先、发展为重、民生为本的建设理念，在抓好山上水土流失治理的同时，着力做好山下兴业富民工作，让群众在参与水土流失治理的同时，分享生态环境改善带来的成果，使人民群众能够实现在共建当中共享，在共享当中共建，共建共享一个生态好、产业兴、百姓富的生态家园。

推进生态文明建设，不是仅仅转变传统的工业文明的生产方式，更不是回归传统的农耕文明的生产方式，而是在绿色发展理念指导下，推动传统的粗放的工业生产方式向技术先进、集约高效、低碳环保的现代工业生产方式转变，推动传统的封闭落后的农业生产方式向开放、绿色、低碳、循环的现代农业生产方式的转变——实现经济社会发展方式的双重变革。事实上，当代人所面临的生态环境压力在农耕文明社会就已经存在，恩格斯在《自然辩证法》中写道："美索不达米亚、希腊、小亚细亚以及其他各地的居民，为了得到耕地，毁灭了森林，但是他们做梦也想不到，这些地方今天竟因此而成为不毛之地，因为他们使这些地方失去了森林，也就失去了水分的集聚中心和贮藏库。阿尔卑斯山的意大利人，当他们在山南坡把在山北坡得到精心保护的那同一种枞树林砍光用尽时，没有预料到，这样一来，他们就把本地区的高山畜牧业的根基毁掉了；他们更没有预料到，他们这样做，竟使山泉在一年中的大部分时间内枯竭了，同时在雨季又使更加凶猛的洪水倾泻到平原上。"[1] 传统落后的农业生产方式和生活

① 《马克思恩格斯选集》第4卷，人民出版社，1995，第383页。

方式，并不像现代的一些生态浪漫主义者对农耕文明的诗意的回望那样是人与自然融洽无间的生存方式，实际上，传统农耕文明中的落后生产方式和生活方式也是生态环境持续恶化的一个重要原因。长汀县水土流失既与传统粗放的工业生产方式（如小水电截流对汀江生态的破坏、大量使用化肥对地表的污染等）有关，又与传统的农业生产方式和生活方式（如砍伐森林、山地造田、生活垃圾的随意排放等）有关。长汀水土流失治理有很长一段历史，但效果并不好，一个主要的也可以说是根本性的原因在于，这种治理是在不改变原有的传统农业生产方式和传统粗放型的工业生产方式的条件下来进行治理，是依然沿着传统的农业生产和粗放型小工业生产及其能源消费模式，在一个相对封闭落后的经济社会系统中实施治理，它不可能从根本上改变人地之间、生产空间和生活空间与生态环境空间之间的矛盾紧张关系，而只能是一种头痛医头、脚痛医脚，治标不治本的治理。在传统生产方式和生活方式的长期循环下，土地负载持续过重，水土流失持续恶化，然而又是在这种生产方式和生活方式条件下进行治理，这就使得治理与恶化循环往复，生态环境很难有根本上的治理恢复，这样的治理从根本上看是没有出路的。事实上，长汀在新时期所取得的水土流失治理的成就，与我国实行的新型工业化、城镇化发展进程促进农业劳动力和人口向非农产业转移从而极大地减轻了水土流失地区生态承载压力、使人地关系的紧张态势有所缓和直接相关（如推进生态移民造福工程，通过人口集聚减轻水土流失区农业人口对生态的承载压力，让更多的农民从土地和传统农业生产中解放出来，进而促进产业集聚等）；也与深化农业生产经营方式改革、转向现代农业生产方式、实施能源替代战略、发展生态农业经济等这些根本性的变革密切相关。可见，在我国农村，推动绿色发展必须推动如上所述的经济社会发展的双重变革，只有建立在新型的先进农业和工业生产方式之上，生态文明建设才有一个坚实牢靠的基础。长汀由水土流失治理走向生态家园建设正是建立在经济社会发展的双重变革之上的，是在标本兼治意义上使生态文明建设有了厚实根基的支撑。当然，作为一个底子薄的山区县域经济来说，实现这双重变革还需要各种条件的支持，需要一个长期的历史过程。

绿色发展，是涉及价值观念、生产方式和生活方式的整体性、长期性、根本性的绿色变革，要确立辩证的、系统整体的思维方式，着眼长远，谋划大局，整体协调，为生态家园建设谋篇布局，促进人与自然的和谐共生，推动经济社会的可持续发展。生态文明建设的系统整体思维，有两个层面：一是哲学形而上层面。从人类文明的产生来看，人类为了自身的生存，通过结成群落并进而结成社会的形式，以自身的生产劳动在与自然界进行物质变换的过程中从自然中分离超越出来逐渐形成文明社会，在这一过程中形成并积淀为一种无意识的类意识：把人与自然分离出来甚至对立起来的人类主体的类意识和自然客体的对象意识——即现在众多生态中心主义者把资源环境问题所归之于的"主客二分"思维方式。在这里，我们不能对这种思维方式进行一种超越人类文明历史的浪漫主义的哲学批判，因为，这种思维方式在人类文明进化的历史过程中，自有其产生的必然性和合理性，这一点无须赘言。问题在于，当人类开始寻求走向生态文明的新时代时，我们就必须超越这种思维方式，在一个更为宏观整体的层面上来把握人与自然、社会系统与生态系统的辩证统一的整体性，把人、社会理解为从自然系统中分化出来，但须臾也离不开自然生态系统并归根结底从属于自然生态系统的一个组成部分或自然生命共同体的一个成员，并在宇宙生命整体生生不息过程的永恒性的意义上来体认人从自然中走出，又回归于自然，并生成生存于自然过程中展开的永恒的生命循环与轮回。这种人与自然共融共生的系统整体性与过程总体性的观念，正是我们今天走向生态文明时代处理人与自然的关系、建设生态文明、推动绿色发展的哲学形而上或本体论层面上的根据。哲学形而上层面的整体性观念，必须也应该体现落实在第二个层面即实践观念层面上，"生态系统观"和"可持续发展观"作为当代全球生态文明的核心实践理念，分别从空间维度整体性和时间维度持续性来架构生态文明。长汀的生态治理和生态家园建设，正是在这种实践观念的层面上把这种辩证整体的思维方式落在实处。绿色发展，是人与自然和谐共生的发展，自然生态的山水林湖田是一个生命共同体，它们相互依存又互相激活，反映了大自然生命过程的内在关联。在实践观念上，必须按照生态系统的整体性进行整体保护，系统修复，综合治理，以增强生态系统循环能力，维护生态平衡，让这一生命共同体生生不息。治理水土流失是一个涉及自然生态系统和人工社会系统及其辩证关系的复杂、系统的过程，不仅要从山水林湖田的自然生态系统整体中把握生态修复的内在关联，防止"头疼医头、脚痛医脚"的治理方式；又要从人工社会系统的生产方式、生活方式、价值观念以及制度安排、政策导向、社会动员、科技支撑、利益协调等各方面统筹兼顾、综合治理、整体推进。长汀人至今还念念不忘前福建省委书记项南给长汀留下的治理水土流失的"三字经"，把系统整体的治理经验总结为通俗易懂、切实有效的实践观念。建设生态家园，无论是规划生态文明示范县建设的"五大体系"还是布局汀江生态经济走廊的"六大板块"，都是根据于长汀自然生态系统的区域特点，以一种系统整体的思维方式来谋篇布局，来划分主体功能区域，来合理调整优化生态、生产、生活的空间布局和规划可持续的绿色发展过程布局。

生态文明建设之于我们这个时代，不仅是问题与挑战，而且是一种发展的机遇和新的可能性空间。要善于把握和利用时势和契机，把生态环境的问题与挑战转变为绿色发展的机遇和条件。生态文明建设、绿色发展首先是针对资源、环境之于人类生存发展的问题与挑战而言的，资源枯竭、环境污染、生存家园的破坏使当代人面临生存与发展的危机与困境。但正如汤因比在《历史研究》中把文明的起源与生长理解为人类对生存环境的挑战所做出的成功应战一样，人类对资源和环境危机挑战的应战可能孕育着一种新的文明——生态文明的生成。因为人类在应对这种新的问题和挑战中激发了新的创造潜能，通过创新生存与发展的新的价值理念、新的思维方式、新的生产方式、新的生活方式、新的技术与制度保障，使人类生存发展跃入一种新的文明发展形态。如在当代中国，已经开始将绿色革命视为新的经济发展引擎，把资源环境约束转化为绿色发展的机遇。绿色发展成为引导中国经济社会发展新的价值理念；绿色发展为推动新常态下的经济发展提供新的动力;绿色化作为一种生产方式,要求形成科技含量高,资源消耗低,环境污染少的新的产业结构和生产方式;绿色循环低碳产业是当今时代最有前途的发展领域,发展潜力大,可以形成新的经济增长点;绿色产业为经济创造新的投资和发展空间;绿色农业与现代电子商务的结合,使绿色农业走向品牌化、规模化、现代化;倡导绿色生活,引导绿色消费,已经逐步培育形成了一批绿色产业链;绿色经济作为经济发展的一种转型、提升和创新发展,开拓了一条将生态优势转变为经济优势、把生态资本转换为发展资本的一条新的经济发展道路;同时,新常态下经济增长动力转换和结构优化以及绿色化的生活方式和消费方式,也为绿色发展打开了巨大的市场空间。长汀从水土流失治理到生态家园建设的过程生动地体现了这种把问题与挑战转换为发展机遇的辩证法。他们善于抓住和利用绿色发展作为国家发展战略所提供的机遇,如习近平总书记对长汀水土流失治理的长期关注、国家政策提供的条件和机遇等,由生态治理走向生态家园建设;他们抓住经济社会发展带来的"机会之窗",利用城镇化进程为治理和保护农村生态环境提供有利的条件和空间,通过推进生态移民造福工程,通过人口集聚减轻水土流失区农业人口对生态的承载压力,让更多的农民从土地和传统农业生产中解放出来,进而促进产业集聚,优化了生产、生态、生活空间布局;他们依托乡村生态和人文环境、资源禀赋,来谋划发展特色产业,绿色品牌产业,培育林下经济的产业链,发展电商、物流业,发展绿色休闲旅游业等,既保住了乡村的青山绿水,又推动了经济社会的发展,同时还富了一方百姓。

生态文明建设,是涉及政府、市场、企业、社会和个人等各种力量的一项整体性和长期性的事业,要充分发挥党政系统在社会动员、政策支持、制度保障、组织力量和整体协调方面的优势,统筹兼顾、持之以恒地予以推进。美好的生态环境是一种公共物品,现代社会提供这种公共物品的主体,有政府的、市场的、社会的和个体的力量。但由于政府本身具有的公共服务和管理的职能以及社会动员、组织、协调的力量,而公共物品之于市场主体、社会主体和个体主体来说则具有外在性的特点,这就需要政府着眼于整体利益和长远利益来率先发动，可以说政府是生态文明建设的第一推动者。长汀水土流失治理的成效和生态家园建设的推进的一个重要因素就在于政府把良好的生态环境作为自身需要提供给社会和人民的公共物品的职责来加以担当和践履，以"功成不必在我"的胸襟来坚持不懈、持之以恒地予以推进。长汀生态文明建设实践表明，党政部门的高度重视，整体规划，大力推动，制度和政策保障，全面协调，常抓不懈是取得成效的一条重要经验。如果没有各级领导和党政部门的长期支持和推动，要取得现在的成就是不可想象的。当然，生态文明建设政府不能唱独角戏，实际上，长汀水土流失治理在党政系统充当第一推动力的同时，充分依靠群众、动员群众、组织群众和教育群众以及发挥市场机制的作用，也是实现有效治理的重要支撑。随着治理实践的深入和向生态家园建设的升级，市场、社会、个体主体的力量和机制正在形成并发挥越来越重要的作用。绿色的可持续发展从根本上看要着眼于自身的"造血"功能问题，而不能一味地依靠外在的"输血"。如果说政府作为第一推动力在初期的作用主要是通过政策和经费的支持而体现为一种"输血"的功能的话，那么，培育各种新型的专业合作社、专业协会、种植大户，引进建立现代物流、电商业，打开畅通市场渠道，从而形成新型的现代市场主体和现代绿色产业链，这样一种内在的"造血"才能使长汀的生态文明建设具有恒久不竭的动力和生命力。

生态文明建设是美丽家园与美丽心灵相互涵育的过程，要把绿色化的理念植入人们的心中，成为人们的价值取向、思维方式和生活习惯，使在生态泽被下的文明，有永续发展的自觉和底气。生态文明不是外在于人的文明，而是内化于人的文明。绿色化不仅是自然环境，同时是人的精神的内在绿色化，美丽的环境需要美丽的心灵相映衬、相涵育。只有将绿色发展理念内化于心，才能在生产、生活、行为实践中将绿色发展理念外化于行。在生态文明建设中所面临的诸多问题中，最难的也是最需要我们长期注目的是公众的生态理性和生态伦理的涵育。"美丽中国"的一个根本性内容是以人与自然和谐的价值观为核心的生态文化的养成。因为只有这样，生态文明建设才会成为人们自觉的行为。长汀在机关、企业、学校、社区、农村通过各种形式广泛开展生态文化建设，在全社会牢固树立生态文明理念，培育人民爱绿、造绿、管绿、护绿的主动性和自觉性，增强全体社会成员参与生态家园建设的使命感和责任感，提倡健康、绿色、环保、文明健康的生活方式和消费模式，在全社会范围内营造一个关心和支持生态家园建设的良好文化氛围。当然，人们生态环境意识和公共生态意识的养成是一个长期的过程，这既与我们长期形成的传统的生活方式和行为习惯有关，也与个体利益与公共利益、目前利益与长远利益之间的复杂关系有关，不可能期望通过运动式的意识形态宣传毕其功于一役来完成，而只能通过人们在参与生态文明建设的实践过程中来逐渐地涵育和确立。

当然，通过对长汀水土流失治理和生态家园建设的实践经验的总结，我们还可以在一个更高层面上瞩目：即长汀实践和经验初步地回应了一个具有前提性和根本性的问题——中国特色的社会主义生态文明何以可能？这是一个康德式的设问，需要析出这种可能的边界条件或必要条件。

与资本逻辑推动的现代工业文明相伴而生，资源约束趋紧，环境污染严重，生态系统退化和恶化开始挑战人类的文明进步，成为越来越严重的现代文明病症，成为人类文明发展的生态之槛。能否走出这种生态困境，成为人类文明发展的一个共同的关键性问题。21 世纪人类文明何去何从，将面临一个共同的基本的选择：生态文明的方向和道路。

对现代社会生态危机的解释，大致有两种思路：一种撇开现代社会的制度因素，把生态危机看成是工业化、技术化、城市化等现代工具理性之原罪；另一种则把生态危机看成是生产方式尤其是资本主义生产关系的产物，是源自资本逻辑逐利本性和资本主义私有制的制度性缺陷而非人类文明发展的胎记，是"资本主义制度导致人类与自己劳动及其自然家园相异化"。① 第一种解释为现代工业文明打上了"原罪"的烙印，使生态困境

---

① 〔美〕菲利普·克莱顿、〔美〕贾斯廷·海因泽克：《有机马克思主义——生态灾难与资本主义的替代选择》，孟献丽等译，人民出版社，2015，第 69 页。

成为与人类文明发展相悖的无解问题。第二种思路则为解决生态困境问题提供了积极的思考方向：通过对生产关系、社会制度的调适使人与自然的关系、发展与生态的关系达至和谐共生、良性互动的平衡与循环。也就是说，必须在一个新型的社会关系中来考量人类走向生态文明时代何以可能。其实，人与自然的关系是以社会关系为中介的，必须在社会关系的历史变革中考量人与自然的关系。"自然是一个历史范畴。这就是说，在社会发展的一定阶段上什么被看作是自然，这种自然同人的关系是怎样的而且人对自然的阐明又是以何种形式进行的，因此，自然按照形式和内容、范围和对象性意味着什么，这一切始终都是受社会制约的。"①

在马克思那里，人与自然的关系是历史地生成和变化发展的，人们对自然界的狭隘的关系制约着他们之间的狭隘的关系，而他们之间的狭隘的关系又制约着他们对自然界的狭隘的关系。"自然界的人的本质只有对社会的人来说才是存在的；因为只有在社会中，自然界对人来说才是人与人联系的纽带，才是他为别人的存在和别人为他的存在，只有在社会中，自然界才是人自己的人的存在的基础，才是人的现实的生活要素。只有在社会中，人的自然的存在对他来说才是自己的人的存在，并且自然界对他来说才成为人。因此，社会是人同自然界的完成了的本质的统一，是自然界的真正复活，是人实现了的自然主义和自然界的实现了的人道主义。"②"在人类历史中即在人类社会的形成过程中生成的自然界，是人的现实的自然界；因此，通过工业——尽管以异化的形式——形成的自然界，是真正的、人本学的自然界。"③ 但是，这种"人本学的自然界"，在资本逻辑主导下的资本主义工业文明历史进程中日渐与人异己化，资本主义私有制条件下的异化劳动使"人的类本质——无论是自然界还是人的精神的类能力——变成对人来说是异己的本质，变成维持他的个人生存的手段。异化

---

① 〔匈〕卢卡奇：《历史与阶级意识》，杜章智等译，商务印书馆，1992，第318~319页。
② 〔德〕马克思：《1844年经济学哲学手稿》，人民出版社，2000，第83页。
③ 〔德〕马克思：《1844年经济学哲学手稿》，人民出版社，2000，第89页。

劳动使人自己的身体，同样使在他之外的自然界，使他的精神本质，他的人的本质同人相异化"①。因此，对"自然的支配"在马克思那里就不单纯是一个如何按照自然本身的规律来合理地利用自然的问题，更重要的还是一个如何克服不合理的生产关系的"社会批判"问题。"我们这个世纪面临的大改革，即人类同自然的和解以及人类本身的和解"②，马克思、恩格斯是从人与人之间的和解来观照人与自然的和解。

联合国副秘书长阿奇姆·施泰纳认为，中国在生态文明这个领域中，不仅给自己，而且是给世界一个机会，让我们更好地了解朝着绿色经济的转型。美国当代著名的后现代主义思想家菲利普·克莱顿认为，"由现代欧洲和北美主导的破坏环境的文明，正在终结；而一种新的生态文明正在诞生，它就在我们身边。那些打破全球生态系统的始作俑者，并不能修复。相反，在发展中的世界，尤其在亚洲，新的生态文明的基础即将建立。……要建设新文明，在世界各国中，中华人民共和国发挥的是引领作用，这是她的特殊使命"③。对于资本逻辑运演之于人类文明的生态困境，生态马克思主义做出了全面而又深刻的分析批判，这里无须赘言。而中国在工业化进程中也正受资源枯竭、环境污染之苦，也并非处在生态困境之外的一方世外桃源。但为什么西方社会的有识之士却把解决生态困境之路的希望目光投向中国呢？"我们生活在诸如美国这样的国家完全是被公司和资本主义体系所控制，而资本主义根本不能'变成绿色'，因为环境保护主义的规则不是它的思考方式。"④ 那么，中国特色社会主义能否"变成绿色"？"环境保护主义的规则"能否成为它的"思考方式"？

逻辑上分析考量生态文明之可能的因子或条件可简约为：①绿色、低碳、循环的生态技术的进步并得到普及应用；②公众生态理性的养成取代以个人主义为价值核心的经济理性成为人们普遍的思维方式和行为方式；

① 〔德〕马克思：《1844 年经济学哲学手稿》，人民出版社，2000，第 58 页。
② 《马克思恩格斯选集》第 4 卷，人民出版社，1995，第 384 页。
③ 〔美〕菲利普·克莱顿：《有机马克思主义》，孟献丽等译，人民出版社，2015，第 9 页。
④ 〔美〕斯科特·斯洛维克：《论自然与环境》，转引自《新华文摘》2015 年第 20 期。

③在一种社会关系与社会制度体系下，生态文明成为该社会发展的价值目标，并能够通过制度安排和政策支持来动员组织各种社会力量、协调统筹各种利益关系来解决生态环境问题推进生态文明建设。

在资本逻辑所涵贯的社会关系条件下，①一项生态技术的应用和普及是由这项技术能否带来利润为取舍标准的，如果一项生态技术不能带来利润或在收益方面不可预期或在短期内的投入产出比存在风险，那么，这项生态技术是不可能得到应用和普及的；②无论是市场还是人与人之间的关系、人与自然之间的关系通行的思维方式和行为方式是：以个人主义为价值轴心的"经济人"的理性算计的经济理性，而不是以社会整体的和长远的利益为价值轴心的"公共理性"和生态理性；③社会制度设计是围绕如何保护私有制和自由市场以及个人自由权利，政府在动员组织各种社会力量、协调统筹各种利益关系来治理生态环境问题的力量弱小能力不足。可见，生态文明、环境保护不是资本主义社会的价值目标的通行原则，它不可能从根本上解决人类文明的生态困境。要从根本上解决人类文明的生态困境，必须超越资本逻辑，"需要对我们的直到目前为止的生产方式，以及同这种生产方式一起对我们的现今的整个社会制度实行完全的变革"[①]。

而在社会主义条件下，"社会化的人，联合起来的生产者，将合理地调节他们与自然之间的物质变换，把它置于他们的控制之下，而不让它作为盲目的力量来统治自己；靠消耗最小的力量，在最无愧于和最适合于他们人类本性的条件下来进行这种物质变换"[②]。①以生态文明为社会发展和民生福祉的目标取向使生态技术的发明应用获得不竭的动力，一项生态技术的应用和普及不再以利润多少为取舍的根据，而是以资源的节约、环境的改善、可持续的发展以及社会的整体利益和长远利益为根本目的；②经济理性或以个人利益最大化为出发点的"理性人"和个人主义价值观

① 《马克思恩格斯选集》第 4 卷，人民出版社，1995，第 385 页。
② 《马克思恩格斯全集》第 25 卷，人民出版社，1974，第 926～927 页。

不再成为社会行为的主导性原则，社会通行的是以人与自然的和谐、人与人的和谐的理念，是以社会发展整体利益和长远利益为鹄的的绿色化可持续发展的生态理性、公共理性，是在"绿色命运共同体"的视界中来考量人类文明的走向，把"个体价值观"转换为"绿色命运共同体价值观"；③社会制度安排和政策设计是围绕如何促进和保证人与自然的和谐和人与人的和谐来考量的，是以社会发展的整体利益和长远利益为根据的，政府在动员组织各种社会力量、协调统筹各种利益关系来治理生态环境问题的力量强大且有效。

同时，从文明传统来看，中华文明传统蕴含着丰厚的生态哲学与生态伦理思想，它建立在中国古代哲学关于人类与天地万物同源、宇宙生命一体、人类与自然和谐共生的直觉整体意识基础之上。这种直觉整体论哲学，在儒、道、释都有充分的表达与论证。儒家以人与"天地万物一体"为说，道家以"天地与我并生，而万物与我为一"为宗，佛家以"法界缘起""无碍"为旨，都是把天地万物人类看作一个整体。中国古代的这种直觉整体论哲学通常被概括为"天人合一"思想，它以中国古代先民们的直接生存经验为基础，通过对流变的自然节律和生物共同体的有机秩序的体悟，具体真切地把握了人类生存与自然界的有机联系，把先于人类产生的天地万物不仅当成可资利用的生活资源，也当成一体相关的生命根源，它体现天人一体的宇宙情怀，"赞天地之化育"的大生态观，中和之道的协调智慧，体现了古老东方文明的生存智慧和精神境界。我们知道，马克斯·韦伯曾从一个独特的视角把新教伦理所体现的现世的禁欲精神、努力劳动观念、理性的生活方式等看成资本主义文明的文化动力，认为世界其他宗教伦理缺乏上述精神内涵，是这些地区进入现代市场经济的障碍。对于韦伯的论断我们可以举证20世纪后半叶东亚国家和中国崛起来否证。但韦伯论断中的命意——任何一项事业或文明的背后需要文化精神力量的支撑——则具有普遍的意义。如果说生态文明作为人类一种新的文明进步形态，它背后的文化精神力量是什么？应该不是什么新教伦理，而是上述东方生态哲学智慧与社会主义价值观的有机结合和现代转换。

可见，资本主义生态文明之不可能与社会主义生态文明之可能具有理论逻辑的必然性。而在现实逻辑上看，中国特色社会主义正在把社会主义生态文明的逻辑必然性转换为实践的必然性，把生态环境的问题与挑战转换为经济社会和人的发展的机遇与条件，把人与自然和谐发展的生态理性转换为绿色发展的实践理性，进而把这种实践理性转化为生态文明建设的现实的实践进程。而福建长汀正是这一实践进程的一个经验范本，它初步地回应了中国特色社会主义生态文明何以可能这一康德式的设问。

长汀生态文明建设的实践和经验给我们诸多的启示，当然也引发我们对一些深层次问题的思考。诸如如何进一步解决好环境保护和经济发展之间的关系，把生态优势转化为产业优势、经济优势、发展优势，从而真正实现绿色、低碳、循环的可持续发展？如何解决好生态文明建设中的"输血"与"造血"之间的关系，练好内功，实现由外在的"输血"到内在的"造血"的转换，从而使生态文明建设获得恒久的生机活力？如何在生态文明建设中推动产业结构的优化、转型、升级，实现传统的工业、农业生产方式向技术先进、集约高效、低碳环保、绿色循环的现代工业、农业生产方式变革，从而使生态文明建设获得坚实牢靠的产业支撑？如何在生态文明建设中处理好城镇化与美丽乡村建设之间的关系，从而既推动我国农村城镇化进程，优化了生产、生态和生活的空间布局，又留住青山绿水，留住乡愁？如何综合运用政府的、市场的和社会的机制与力量来协调解决好生态文明建设中所面临的局部利益和整体利益、目前利益和长远利益之间的关系，从而真正确立和实现生态环境的和谐与正义的价值诉求？如何在生态文明建设中提供制度安排、市场引导、技术创新、人才支持、社会化服务等必要条件，从而使生态文明建设有了可靠的支持和保障？如何将绿色发展理念、生态哲学、生态伦理、生态美学等绿色生态文化来滋润涵养成人们的绿色的美丽心灵，转化为人们的生存理念和生存方式，从而使生态文明建设具有永续发展的人文自觉和绿色底蕴？

所有这样一些生态文明建设的宏观的深层次的问题，我们可以从长汀这块"试验田"中得到启迪，但更为重要的是长汀生态文明建设的实践激发我们去进一步深入探索生态文明建设中需要面对和解决的问题及其解决问题的边界条件是如何形成的，而不是现成的答案。在这个意义上，正如马克思当年所说："一个时代的迫切问题，有着和任何在内容上有根据的因而也是合理的问题的共同的命运：主要的困难不是答案，而是问题。因而，真正的批判要分析的不是答案，而是问题。"① 而"问题就是公开的、无畏的、左右一切个人的时代声音。问题就是时代的口号，是它表现自己精神状态的最实际的呼声。"② 长汀作为生态文明建设的"试验田"给我们提供了中国在社会主义生态文明建设过程中需要面对、研究和解决的问题域，而中国社会正是在探索和解决这些问题的过程中走向社会主义生态文明的新时代。

---

① 《马克思恩格斯全集》第 1 卷，人民出版社，1995，第 203 页。
② 《马克思恩格斯全集》第 40 卷，人民出版社，1982，第 289 ~ 290 页。

附　录

专访时任长汀县委书记魏东

从水土流失治理到生态家园建设：打造"长汀经验"升级版
——专访中共长汀县委书记魏东

本刊特约记者　郭为桂

【编者按】2011 年 12 月、2012 年 1 月，短短一个月间，时任中共中央政治局常委、中央书记处书记、国家副主席习近平对福建长汀水土流失治理两次做重要批示，由此掀开长汀乃至福建生态文明建设新的一页。时任省委书记孙春兰深入调研并综合多方意见总结出水土流失治理的"长汀经验"；现任省委书记尤权到福建工作后多次赴长汀调研，结合福建实际经过反复提炼，提出"产业优、机制活、百姓富、生态美"有机统一的施政理念；2014 年 3 月，福建省被国务院确定为全国第一个生态文明先行示范区，意味着 2002 年时任省长习近平在省《政府工作报告》中提出的"生态省"战略上升为国家战略。生态文明，福建先行，在这个战略部署得以确立的契机中，长汀是一个重要的节点。现在，距离习近平的重要批示两年时间过去了，长汀做出怎样的回应？发生了哪些变化？有什么新的决策部署？为此，本刊邀请正在与长汀合作开展生态文明建设经验研究的福建省委党校地方治理研究中心主任郭为桂教授，就相关问题采访了中共长汀县委书记魏东。

《领导文萃》记者：魏书记，您好！很高兴能够有机会采访您。这两年我很荣幸有机会多次到长汀调研，每一次的感受都有变化，认识都有深化。总的一个感觉是，长汀县生态文明建设事业正处在转型升级的关键节点上，长汀经济社会发展事业正处在蓄积能量进一步发展的准备阶段。就您个人来说，主政长汀三年多来，最深的感受是什么？

魏　东：首先很高兴有机会通过《领导文萃》这个平台向长期关注长汀的各级领导、各界朋友和广大读者介绍长汀。至于我个人在这个岗位上工作的感受，最深的莫过于"责任"二字。责任源于长汀作为全国历史文化名城、世界客家首府、中国革命圣地和福建生态建设典范，负载了各级党委政府、各级领导、各界人士太多的关爱和期望。单就生态方面而言，长汀的名号不可谓不多。长汀水土保持和生态建设的成功实践被国家水利部、院士专家团誉为"不仅是福建生态省建设的一面旗帜，也是我国南方地区水土流失治理的一个典范"。近年来，先后被评为全国生态文明建设示范县、全国现代林业建设示范县、全国水土保持生态文明县、全国科技进步县和福建省生态县、优秀旅游县、森林县城、园林县城、卫生县城，被列为全国第六批生态文明建设试点县、全国首批"水生态文明城市"建设试点等；汀江源自然保护区通过评审晋升为国家级自然保护区。尤其是习近平总书记在2011年12月10日到2012年1月8日不到一个月的时间里两次就"长汀经验"做出重要批示，这对全中国2800多个县而言尚属首次，这确实值得我们长汀人民自豪和骄傲！但是，换个角度看，长汀在水土治理和生态文明建设方面所获得的关注以及头顶的各种名号和荣誉，也是我们工作的压力，将压力变为动力进而转化为尽力做好各项工作的责任和担当，是我们这一届党委政府治县理政的使命。

《领导文萃》记者：习近平总书记常说，为官一任，造福一方。对长汀来说，治县理政、造福一方的战略支点是什么？

魏　东：如果能用一句话来概括我们治县理政的战略支点，那一定是生态经济。具体说，就是在遵循市场在资源配置中起决定性作用的原则之下，通过优化产业布局、提升产业素质，通过创新政府管理的体制机制、推行适合县域实际的公共政策，做好生态经济这篇大文章，以达到"产业优、机制活、百姓富、生态美"有机统一的施政要求和目标。在实际工作中，我们提出把生态资源当作长汀最宝贵的资源，把生态优势当作长汀最宝贵的优势，把生态文明建设当作长汀最重要的中心工作。这里的核心是处理好生态保护和经济发展的关系，这也就是习近平总书记所讲的"既要金山银山，也要绿水青山""绿水青山就是金山银山"。

《领导文萃》记者：我记得习近平总书记在担任浙江省委书记时曾发表过有关"两座山"之间辩证关系的文章。大意是，这"两座山"是有矛盾的，但又可以辩证统一。人们在实践中对这"两座山"之间关系的认识经过了三个阶段：第一个阶段是用绿水青山去换金山银山，一味向自然界索取，很少考虑环境承载力。第二个阶段是既要金山银山，也要绿水青山，这时候经济发展和环境恶化之间的矛盾开始凸显。第三个阶段是绿水青山就是金山银山，开始自觉地把生态优势转化为经济优势。

魏　东：这个讲话我们也学习过。用以对照长汀近代以来经济发展与生态保护之间关系演化的历史，非常形象，非常贴切。

过去，长汀这地方缺煤少电，老百姓迫于生计，乱砍滥伐木材成风，经年累月向自然无度索取，造成严重的水土流失。1985年遥感普查，全县水土流失面积达146.2万亩，占全县国土面积的31.5%，土壤侵蚀模数达5000～12000吨/平方公里·年，植被覆盖度仅5%～40%。"山光、水浊、田瘦、人穷""柳村无柳，河比田高"是当时以河田为中心的水土流失区生态恶化、生活贫困的真实写照。这大概就相当于习近平总书记所说的第一阶段了。用绿水青山去换金山银山，被证明是错误的，付出绿水青山的代价，并没有收获金山银山的硕果，却尝到了自然向人类报复的苦果。

从1983年开始，时任福建省委书记项南同志到长汀河田视察水土保持工作时，总结出水土保持"三字经"。在他的亲自推动下，省委、省政府把长汀列为全省水土流失治理的试点，拉开了新一轮大规模水土流失治理的序幕。1986年，水利部把长汀河田列为南方小流域治理示范区，国家林业、水保、农业、扶贫、国土、财政、发改等有关部委和省市各级各部门加大扶持力度，展开了大规模的水土流失治理攻坚战。1996 年到 2002 年期间，时任福建省委副书记、省长习近平同志先后 5 次深入长汀视察、指导水土流失治理和扶贫开发工作。2001 年，习近平同志做出了"再干 8 年，解决长汀水土流失问题"的重要批示。在他的亲自倡导和关心下，省委、省政府从 2000 年开始将长汀水土流失治理工作列入为民办实事项目之一，每年补助 1000 万元。2008 年，财政部、水利部将长汀列入国家水土保持重点工程实施范围。从此，长汀水土流失治理迈上了规范、科学、有效的道路。2011 年 12 月 10 日，习近平同志在《人民日报》发表的《从荒山连片到花果飘香，福建长汀——十年治荒，山河披绿》文章上做出"请有关部门深入调研，提出继续支持推进的意见"的重要批示。随后组建的中央联合调研组于 2012 年 1 月 6 日向习近平同志提交了《关于支持福建省长汀县推进水土流失治理工作的意见和建议》。2012 年 1 月 8 日，习近平同志再次做出"进则全胜，不进则退"的重要批示。两次批示之后，长汀县掀起了新一轮水土流失治理和生态文明建设高潮。国家、省、市有关部门领导先后到我县调研指导水土保持生态文明建设工作。这可以说是第二阶段，即既要金山银山，也要绿水青山，在长汀表现为长期不懈的水土流失治理历程。

　　而第三阶段就是我们现在要做的，即由水土流失治理到生态家园建设，把生态家园建设与经济社会发展在长汀具体实践中辩证地统一起来，使二者进入良性的互动循环，把生态优势转化为经济优势，用经济社会发展来保证青山绿水的生态家园永续常驻。

　　《领导文萃》记者：能否简单介绍下长汀经验及其成效？

　　魏　东：我们集多方智慧，反复提炼，将长汀经验表述为"党政主导、群众主体、社会参与、多策并举、以人为本、持之以恒"。其中，"党政主导"、"群众主体"和"社会参与"是从治理各主体的职责定位和协同关系着眼的；"多策并举"侧重于治理机制、治理方法；"以人为本"是水土流失治理的根本宗旨和指导准则，是一种价值规范；而"持之以恒"是一种精神,是"滴水穿石、人一我十"的长汀精神的提炼。这里面涵盖了治理的主体、机制、方法、宗旨和精神,应该说是比较有说服力的总结。当然,更大的说服力来自治理的成效,总体实现了由荒山到绿洲的转变。

一是生态环境逐步改善。据2012年底遥感调查,全县水土流失面积由1985年的146.2万亩降为45.12万亩。森林面积由275万亩提高到370万亩,森林覆盖率由59.8%提高到79.4%,森林蓄积量由1025万立方米提高到1289万立方米。水土流失区植被覆盖率由10%~30%提高到75%~91%,全县植被覆盖率达81%,县域内林草保存面积占宜林宜草面积达85%;侵蚀模数由每年每平方公里8580吨下降到438~605吨,土壤侵蚀减少率达70%;全县水土流失区径流系数由0.52下降到0.27~0.35,含沙量每立方米由0.35公斤下降到0.17公斤,年增加保水6526万立方米、保土128万吨,群落向多样性、稳定性演替,生态环境大为改善,空气环境质量达国家一级标准,饮用水源水质达地表水Ⅱ类标准,基本圆了长汀老百姓的百年绿色之梦。

二是生态经济逐步发展。结合水土流失治理工作,我们主动承接沿海劳动密集型产业的发展,重点发展纺织、稀土、机械电子、农副产品加工等工业和旅游、商贸等第三产业,通过产业的发展,转移水土流失区的生态人口,既发展了产业,增加了财政收入和农民收入,又减轻了生态承载压力和水土流失治理压力;我们因地制宜发展特色种养业,"草—木—沼—果"循环种养生态农业,有力地推进了水土流失区域的经济发展。

三是长效机制逐步形成。通过发展产业,初步形成了"以二产带一产促三产"的生态经济发展模式。并推行拍卖、租赁、承包、股份合作等水土流失治理机制,建立林权流转制度,实行谁种谁有,谁治理谁受益,并对在水土流失区发展种养业的农民给予税费减免、肥料补贴,调动群众治山治水的积极性。"草—牧—沼—果"生态农业模式的建立,使大片荒山快速恢复植被。利用牧草发展养殖,利用畜禽粪便发展沼气,沼液上山作肥料,使生态效益与社会、经济效益有机结合,探索出了一条可持续发展的水土流失治理道路。

《领导文萃》记者：从经验总结和实际成效两个方面看，长汀水土流失治理可圈可点，是区域生态治理和生态恢复的一个成功典范。我感觉，其中关键一点，是长汀水土流失治理长期得到中央和省市高层的高度关注和持续扶持。

魏　东：这一点我同意。如果没有上级政策、资金、技术等方面的倾斜和支持，单靠长汀自身的力量，水土流失治理不可能在这么短的时间内取得这么好的效果，我们今天也不可能把生态资源和生态优势作为长汀进一步发展的战略支点。习近平总书记两次批示之后，中央和省、市各级各有关部门在政策、资金、项目、人才等方面进行协调对接和对口帮扶，形成了各方共同支持长汀的强大合力。省委办公厅作为省直单位对口帮扶我县的牵头单位，充分发挥综合协调职能，帮助我县跟踪落实各级、各部门支持长汀发展的有关事项，2012年以来，共落实项目247个，资金5.6亿元。我们这种社会制度可以形成这样一种强大的合力。可以说，长汀是幸运的，这种合力的形成造福了长汀。

此外，我还想说的一点是，水土流失治理工作尤其需要树立正确的政绩观。对于像这么严重的治理难题，需要持续投入，持续关注，一届接着一届干，需要树立"功成不必在我"的理念。这是习总书记为我们所提炼的"滴水穿石、人一我十"的长汀精神的写照，也是"不进则退、进则全胜"的批示精神的写照。

《领导文萃》记者：我的理解，"不进则退、进则全胜"的批示，除了针对水土流失治理，还有一层含义，那就是长汀经济社会，还需要更进一步发展，需要全面提升，这样水土流失治理的成果才能巩固，生态资源才能转化为发展资源，生态优势才能转化为发展优势。

魏　东：这个理解很深刻，实际上涉及习近平总书记所讲的"两座山"的第三个认知阶段，就是绿水青山就是金山银山，就是实现由绿洲到生态家园的转变。

但是，知易行难。怎样把这个认识变成长汀经济社会持续发展的方案和行动，这需要进一步凝聚共识。在习近平总书记当年的批示刚传达时，我们就向全县的干部提出这个问题："全国学长汀，长汀怎么办？"一方面要系统总结长汀经验的内涵，另一方面在提醒我们的干部群众，不要陶醉在"长汀经验"里，我们要在更高起点上打造"长汀经验"升级版，实现从水土流失治理到生态家园建设的转型升级。

《领导文萃》记者：怎么理解"长汀经验"的升级版？

魏　东：所谓"长汀经验"升级版，指的是在现有经济社会发展和生态保护成果的基础上，努力探索经济发展和生态保护良性循环的办法，科学谋划长汀经济社会可持续发展的思路，通过生态资源和经济资源的积累，促进长汀科学发展，实现从水土流失治理向生态家园建设的转变，实现从经济发展和生态建设由外在输血型向内生造血型的转变，为"产业优、机制活、百姓富、生态美"有机统一的战略目标要求探索出一个地方性的经验范本，进而总结生态文明建设的一般规律。

当然，强调外在"输血"型治理向内生"造血"型发展，并不是说长汀今后不需要上级和外来资源的支持了。实际上，就长汀目前的水土流失治理和经济社会发展基础而言，我们的面临的困难还很多。

一是治理任务重。目前全县水土流失治理成功率为69%，坡耕地治理度为68%，尚有45.12万亩未开展治理的水土流失地，且地处边远山区，交通不便，多为陡坡、深沟，不利于植物生长，且种植、管护难，水土保持生态文明建设任重道远。

二是巩固难度大。现有林分针叶林多、阔叶林少，纯林多、混交林少，针叶面积占林分总面积的81%，现有林分亩森林蓄积量才3.8立方米，林分结构单一、水源涵养能力低、易发生病虫害和火灾，森林资源面临较大的安全隐患；种植的经济林果由于地瘦缺肥，还要继续投入才能见效。

三是治理成本高。由于劳动力缺乏，工资、肥料、燃煤、液化气等价格成倍增长，群众砍枝割草当燃料的现象有所反弹，给封山育林工作带来新的压力。

　　四是经济社会发展的基础薄弱。长汀仍为福建省经济欠发达县和省级扶贫开发重点县，经济总量不够大、产业整体竞争力不强、主导产业规模不大、综合经济实力尚弱。从社会发展层面看，贫困面比较广、"三农"问题比较突出。以小康社会进程监测指标为例，长汀许多方面还落后于龙岩市平均水平。全县还有 5 个贫困乡镇、65 个贫困村；贫困人口占全县农村人口的 9%。

　　因此，作为一个欠发达区域，我们还需要包括上级政府在内的各种外来资源的持续大力支持。之所以有向内生造血型发展转变的说法，是立足长远的一种战略思维，是面向全县干部群众倡导自立自主的一种价值导向，是追求生态文明建设与经济社会发展有机统一的一种更高境界。

　　《领导文萃》记者：归纳总结您的说法，可不可以这么认为，"长汀经验"主要是水土流失治理的"经验"，是"问题—回应"式的公共治理成功案例，而"长汀经验"升级版则试图在此基础上加以拓展提升，变为区域经济社会全面发展的一种顶层设计，是尊重规律前提下的理性自觉？

　　魏　东：这种理解完全正确。

　　《领导文萃》记者：那么，你们准备如何打造"长汀经验"升级版？

　　魏　东：总体来说，主要体现在两个"规划"上。就是全国生态文明示范县建设规划和汀江生态经济走廊建设规划。

　　对于生态文明示范县建设规划，我们主要构建"五大体系"，即生态人居体系、生态环境体系、生态经济体系、生态文化体系和生态制度体系。汀江生态经济走廊建设规划则着力建设"六大板块"。我们沿汀江流域自上而下着力打造六个主体功能区，包括自然保护与生态休闲观光区（庵杰至新桥段）、生态宜居城市与历史文化名城保护区（大同至汀州段）、稀土工业与工贸发展区（策武段）、省级小城镇综合改革试点区（河田段）、水土保持与生态文明示范区（三洲段）以及生态保护、生态种植与现代农业示范区（濯田至羊牯段）。

　　《领导文萃》记者：这两个规划，或者说"五大体系"与"六大板块"之间是什么关系？

魏　东：生态文明示范县规划的"五大体系"是我们针对"长汀经验"升级版而设计的总体思路，涵盖了生活、生产、生态三大系统以及支撑这三大系统的文化和制度，着重解决"长汀经验"升级版怎么做的问题。而汀江生态经济走廊的"六大板块"则是"五大体系"总体思路下的具体方案。我们的想法是，以生态保护为前提，以汀江为主线，以"一江两岸"为纽带，对各个区域工作的侧重点做出统筹安排。我们把"六大板块"当作"长汀经验"升级版实践的主要载体，着重解决做什么的问题。当然，这两个规划无法截然分开，而是相互渗透、相互支撑的，共同服务于长汀生态家园建设。事实上，这两个规划都已经得到上级的批准，也获得县人大会的审议通过，已经成为长汀今后发展的路线图。

除了以上两个规划，我还想着重谈谈关于水生态文明建设在其中的作用。汀江是客家母亲河，这条河流千百年来滋润哺育了客家人民，塑造形成了独特的区域性客家文化。长汀位于汀江的上游地段，保护好母亲河，不仅造福长汀人民，而且造福下游人民，也是延续客家文化血脉的神圣职责。我们是怀着深厚的人文情怀将汀江水环境建设列为生态环境体系建设重点的。2013 年，长汀被列为全国水生态文明城市建设 45 个试点城市之一，目前实施方案已经编制完成，主要内容是建立水生态文明"四大体系"，即现代的水管理体系、牢靠的水工程体系、优美的水生态体系和特色的水文化景观体系。我们在治水机制上推出河道管理的"河长制"；另外，针对河道上小水电过度开发造成河道生态退化的情况，我们正在积极探索建立水电站报废退出机制，按照我们的计划，2015 年将有 13 座水电站（其中汀江河 7 座）退出，届时可恢复河道生态 33.8 公里。我们相信，经过若干年的努力，汀江长汀段将再现"土肥水美鱼欢腾"的百里画廊景象。某种意义上可以说，水生态文明城市建设试点方案是落实上述两个规划的重要组成部分，对于长汀生态家园建设蓝图的实现，具有举足轻重的作用。

《领导文萃》记者：从过去两年的实践看，您觉得实施这个蓝图遇到的主要难题是什么？或者近期要解决的重点问题是什么？

魏　东：核心问题还是前面讲的处理好生态保护与经济发展的关系，也就是"百姓富"与"生态美"如何达到有机统一。难题是有的，关键是怎么看待。我们的原则很明确，生态保护是前提，是底线，如果破坏这个前提和底线，宁可不发展。发展是为保护生态的发展。你看我们的"六大板块"，冠以"保护""保持"字眼的就占了四个。其他两个功能区，"策武段"是工业集中区，"河田段"是作为城市副中心发展的，集镇周边也安排了一个工业集中区。工业进园区，实现用最少的国土面积实现最大的经济效应，让绝大多数国土休养生息。当然，即使这两个板块，也是以保护生态为前提的，除了自然生态保护之外，进入园区的产业和企业，也要过生态环境严要求这一关。高污染的企业利润再大，我们也不要。保护生态、保护汀江客家母亲河，是我们谋发展的前置条件。

另外有必要指出，生态美，不仅是指自然生态美，还要求生活环境美、人居环境美。对此我们分类分层规划城区、乡镇和村庄的生态人居环境建设。城区人居环境建设侧重保护古城风貌，建设现代宜居城市。乡镇人居环境建设，侧重改善居住环境，建设生态村镇，村庄人居环境建设彰显山水田园风光村貌。其中城区是重点，我想多说几句。新西兰著名作家路易·艾黎曾夸奖长汀是中国两个最美丽的小城之一。他的意思不仅指长汀的生态环境美，而且指长汀的人文环境美。长汀的确有深厚的历史文化底蕴。1994 年长汀被国务院公布为第三批国家历史文化名城。但相对于凤凰古城来说，目前汀州古城的保护和开发还有很大差距。我们下决心启动名城保护和开发工作。前期规划已经完成，目前重点建设汀州古城文物核心区修复工程。我们希望这个核心项目能够带动整个城区人居环境建设，最终使历史文化名城名至实归，使长汀成为中国知名的旅游目的地。

《领导文萃》记者：古城韵味、田园风貌、盎然绿意、清新空气，加上人民的热情淳朴，长汀确实是人们"诗意栖居"的好去处。

魏　东：其实，这方面我们还有很多艰难的工作要做，特别是公共卫生环境建设方面。对于这方面的工作，我们是"反复抓，抓反复"，虽然整体有所改善，但基础比较薄弱，巩固还有难度，局部存在脏乱。首先是硬件建设还有不小的短板。我们还不具备大规模的垃圾处理能力，全县没有集中填埋场或垃圾处理厂，无法做到"村（居）收集—乡（镇）转运—县集中处理"。污水集中处理的能力也比较有限。其次是群众的公共卫生意识还有待于提高。公共环境整治和垃圾处理中等、靠、要的思想还普遍存在，与国家级生态示范县的称号还不匹配。这两方面都是硬仗。公共卫生环境硬件建设投入大，目前长汀自身无法完成，我们将积极争取上级支持，同时按照李克强总理的思路，吸引社会资金参与公共基础设施建设，力争污水和固体废弃物处理基础工程尽快上马，并实现全资源利用无害化处理。另外，公共意识的养成意义更加重大，任务也更加艰巨。哲人说，美的环境需要与美的心灵相映衬，检验长汀生态家园建设最终成效的标准就是包括公共环境意识在内的生态文化的养成。群众公共卫生环境意识是个长期养成的过程，我们下一步将通过探索创新公共卫生环境治理机制，辅以教育、宣传和村规民约等手段，以求缩短这个过程。

《领导文萃》记者：刚才您着重谈了实现生态美的思路与问题，那么人们就会问，生态保护要求这么严格，那么经济发展怎么办？百姓致富怎么办？

魏　东：这就涉及生态经济体系建设的问题与思路。实际上，长汀经济近年来取得了长足的进步，也正在蓄积起飞的能量。经济发展速度较快，2012~2014 年三年间平均增长 11.8%，2014 年全县地区生产总值157.7 亿元，同比增长 11%，分别高出全省、全市 1.1 个、1.3 个百分点，增速排在龙岩市第 2 名。在县域经济持续壮大的同时，产业结构逐步优化，绿色农业加快发展，工业强县成效明显。在看到成绩的同时，也应该清醒地认识到，长汀目前经济发展水平相对落后。从产业层次来说，大部分行业仍处于产业链中低端，自主创新能力不强，专业高层次人才缺乏；从产业结构来说，第一产业偏高，第三产业偏低，三次产业结构不合理，新经济形态和业态尚处于萌芽阶段；主导产业龙头少、规模小、层次不高；从发展动力来说，主要还是依靠投资拉动，其中国有投资增速明显高于非国有投资，2014 年国有投资增长 37%，高出非国有投资 20 个百分点，比重达到38%，显示民间投资活力不够，动力不足。

基于对长汀经济发展现状、发展基础、资源禀赋的研判，我们提出生态经济体系建设。从功能区划来说，我们规划了汀江生态经济走廊。按照产业发展要求来说，农业侧重打造绿色品牌，发展富饶农业。长汀是农业大县，怎样把农业大县变为农业强县，改变小农经济的局面，我们认为应该在绿色上做文章，在品牌上做文章，在现代农业上做文章。长汀绿色农产品有一定基础，但品牌还不多，知名度还不大，规模经营还不成气候，现代农业精深加工业态还处在起步阶段，农产品市场销路还不畅通。怎样把长汀的绿色农业做大做强？县委县政府经过深入调查和研究，决定着重推进电子商务建设，把2015年确定为电子商务年，成立了以县委书记为组长的工作领导小组，腾出一栋楼作为集中发展电子商务的总部基地。目前，基础设施建设、平台软件建设、商务模式、宣传培训、发展规划和方案等，正在紧锣密鼓进行中。我们的目标是，通过集约化的电商渠道，把长汀优质农产品推向市场，树立"绿色食品、长汀出品"的市场形象，吸引外来资本投资长汀生态农业，倒逼长汀生态农业经济向品牌化、规模化和现代化转型，延伸第一产业链条，向第二产业、第三产业持续渗透，真正把我们的农业资源优势变成经济优势。

林业经济发面，应该看到，保持水土，林业是主力军，但林农也因此付出了代价，做出了牺牲：守着大片林地无所收获。集体林权制度改革之后，林区老百姓"靠山致富"的愿望强烈，但受到封山育林、区域禁伐等生态保护政策限制，重点生态区位的商品林和天然商品林既不能采伐利用，又没有生态补偿，林农对这部分山林的处置权和收益权得不到落实。这就是生态与经济矛盾的一个突出表现。怎么化解这个矛盾？我们的发展思路是，在严格保护措施的前提下，向林地要效益，大规模扩大森林食品种植面积，大力发展花卉苗木和珍贵用材林，大力培育林下经济产业链。

工业化是现代化的主要方面。经过近十几年的发展，长汀的工业经济积累了一定的基础，形成了以纺织、稀土和机械电子为主的产业发展格局。今后，我们将在环境保护的前提下，以现有产业布局为基础，做大做强做活园区经济。一是围绕打造海西纺织产业基地、全国稀土产业基地、海西机电制造加工生产基地的目标，按照"抓龙头、铸链条、建集群"的发展思路，做大做强纺织、稀土、机械电子、农副产品加工等主导产业。纺织产业以技术提升和品牌打造为抓手，鼓励、引导企业引进先进技术和高端设备，扩规模，上档次；稀土产业以提高稀土精深加工和应用水平为重点，大力延伸稀土永磁材料、发光材料、储氢材料、中重稀土合金、新材料等5条产业链；机械电子产业以延伸产业链为导向，提高专用汽车、电动车、电梯、数码电子产品及配件等生产制造能力；农副产品加工业着力在农副产品加工体系及农产品保鲜、储藏上下功夫，延伸产业链。二是按照工业企业进园区的发展布局，大力推进龙岩高新区长汀产业园提质扩容，引导企业加快产业结构调整，扩大投资规模，实行自主创新，加快品牌培育；大力推进福建（龙岩）稀土工业园做大做强，以金龙稀土为龙头，加快引进一批科技含量高、附加值高的稀土产业企业落户；大力推进晋江（长汀）工业园加快发展，积极创园区建设体制机制，大力探索 PPP 建设模式，重点发展高端纺织、农副产品深加工等产业。我们的目标是，到 2017 年，工业总产值达到 300 亿元，到 2025 年，工业总产值达到 500 亿元。工业是我们增加"造血"功能的主力军，上述目标如果能够顺利实现，那么就将为长汀经济社会发展插上腾飞的翅膀，长汀水土流失治理的成果就能够永续巩固，长汀生态家园的愿景就将最终实现。

《领导文萃》记者：这的确是一个雄心勃勃的计划。我们诚挚地祝福长汀的梦想能够早日实现！

魏　东：谢谢！最后借助贵刊的平台，衷心感谢各级各界长期以来对长汀老区发展的关心支持！真诚希望各级各界一如既往地关心长汀、关注长汀！热忱欢迎大家到长汀来做客！

（本访谈刊于《领导文萃》2015 年第 10 期，受访人魏东时任长汀县委书记，现任中共龙岩市委组织部部长）

后 记

《美丽中国的县域样本——福建长汀生态文明建设的实践与经验》终于要付梓了，掩卷之际，感慨系之。

2014年确立课题后，课题组成员三次深入长汀调研，从调研准备到座谈访谈、现场考察，从搜集素材到确定主题、设计章节和明确体例，从各章初稿提交到集中统稿、内部研讨、征求意见，三年多的时间里，在大家繁忙的工作间隙，书稿的写作断断续续，修修改改，而今即将付梓，心里未免有如多年跋涉的旅人到达目的地时的释然与忐忑。所释然者，终于遂了所愿，达到目标；所忐忑者，是否走马观花，漏了珍奇。诚然，理性的运思终究是个有限理性的探索过程，我们不能妄言已经把"长汀经验"及其升级版的内容特质完整呈现出来，但至少我们认真对待过，也审慎评估过，遗珠之憾只能留待来日弥补和方家指正了。

此间经历，除了费心劳神，更多的是感佩：感佩于长汀大地经历的沧海桑田之变。当我们流连于汀江国家湿地公园时，这种感佩之情油然而生：谁曾想，如今这块绿意盎然、流水潺潺、林果连片、鸟语花香的所在，在不久之前，还是一片裸露着红壤、密布着崩岗的童山濯濯之地呢？这个位于长汀三洲镇境内的公园，正是当年水土流失的核心区，也正因为如此，它的面貌变化，可以被看作长汀水土流失的局面得以根本改观并实现从水土流失治理到生态家园建设华丽转身的集中体现。把长汀境内随地可以触发这种感佩之情的"玄机"挖掘出来，呈现为理性思考的成果，集中展示长汀从水土流失严重的区域走向生态文明建设范本区域的"生命历程"，进而上升到"社会主义生态文明何以可能"的追问，正是我们的"初心"，也是我们所希望的本书的可能价值所在。

本书是集体合作的产物，各章的分工是：林默彪：导论和结语；郭为桂：第一章；马郁葱：第二章；林红：第三章；陈心颖：第四章；李永杰：第五章；靳志强：第六章、第七章。

全书由林默彪拟定章节结构、写作体例和统稿定稿，郭为桂协助主编协调调研写作诸事宜并初步统稿。在课题立项、调研、写作及书稿审定过程中，得到中共福建省委党校多位校领导的关心支持；顾越利副巡视员为省委党校地方治理研究中心与长汀县政府牵线搭桥并促成课题立项；长汀往届和现任的多位县领导，特别是时任长汀县委书记、现任中共龙岩市委组织部部长魏东同志和长汀县政协主席丘发添同志，在我们调研与写作过程中给予大力支持；长汀县"全面深化改革领导小组办公室"的工作人员，特别是涂鸿基、王秀荣、钟明灿，为全书调研安排与资料搜集等事宜，做了大量协调工作；长汀县各相关职能部门和相关乡镇，在调研过程中提供了诸多便利、写作思路和数据素材；此外，我们的写作还参考了许多相关的理论文章和新闻报道；我们对此一并表示感谢！

书中错漏之处难免，希望方家不吝批评指正！

2017 年 8 月 5 日

图书在版编目（CIP）数据

美丽中国的县域样本：福建长汀生态文明建设的实
践与经验 / 林默彪主编. -- 北京：社会科学文献出版
社, 2017.10

ISBN 978 - 7 - 5201 - 1422 - 6

Ⅰ.①美… Ⅱ.①林… Ⅲ.①生态环境建设 - 经验 -
长汀 Ⅳ.①X321.257.4

中国版本图书馆 CIP 数据核字（2017）第 233118 号

美丽中国的县域样本

—— 福建长汀生态文明建设的实践与经验

主　　编／林默彪
副 主 编／郭为桂

出 版 人／谢寿光
项目统筹／王　绯
责任编辑／孙燕生

出　　版／社会科学文献出版社·社会政法分社（010）59367156
　　　　　地址：北京市北三环中路甲 29 号院华龙大厦　邮编：100029
　　　　　网址：www.ssap.com.cn
发　　行／市场营销中心（010）59367081　59367018
印　　装／三河市东方印刷有限公司

规　　格／开 本：787mm × 1092mm　1/16
　　　　　印 张：15.75　字 数：234 千字
版　　次／2017 年 10 月第 1 版　2017 年 10 月第 1 次印刷
书　　号／ISBN 978 - 7 - 5201 - 1422 - 6
定　　价／89.00 元

本书如有印装质量问题，请与读者服务中心（010 - 59367028）联系